精品展（中山古镇）

暨广东省盆景协会成立
25周年会员盆景精品展
（专辑一）

"风霜雪雨铸松魂" 黑松 *Pinus thunbergii* 高 130cm 张新华藏品 摄影：苏放
"Severe Cold Creates Pine Spirit". Japanese black pine. Height: 130cm. Collector: Zhang Xinhua. Photographer: Su Fang

点评 Comments

文：徐昊 Author：Xu Hao

"风霜雪雨铸松魂"——2012年中国盆景年度大奖黑松 *Pinus thunbergii*
"Severe Cold Creates Pine Spirit". —2012 China Penjing Annual Prize Japanese black pine.

世人爱松，皆因其凌霜傲雪、不屈不挠的高洁品性和啸傲尘世的豁达情怀。在中国传统文化中，松、竹、梅并称"岁寒三友"，常被入诗、入画，也入"景"。

本次在广东中山举办的中国盆景精品展，共入展盆景作品两百余件，其中张新华先生的黑松作品"风霜雨雪铸松魂"尤其夺人眼目。

作品呈右斜之势，起势刚健，主干至中部几经扭曲盘旋，复紧折向左，形若腾蛟出渊——势不可挡，质显松身气象——苍古雄强。作品以高位出枝，主枝向左舒展飘逸，与树的起势相呼应。作者以软硬角的互换、长短跨度的结合来表现主枝粗壮浑厚的线条，线条刚劲老辣，与主干贯穿一气，形成充满节奏劲势的主脉络，观之令人心律也随之跃动起伏。布枝呈左放右收之态，枝片均以短簇的小枝结为团块状经营布置，不求细枝末节的具体表现，以写意的手法展现松树的大形大貌。也正是这种娴熟大胆的表现手法，使作品不失松树的本质之美，于简洁浑穆中彰显松树作品的"松魂、梅品、竹精神"。"松魂"即是松树独有的精神气和人化的品格。

作者紧紧地把握住了松树的精魂，同时也以作品表达了自己的情感旋律。作品呈激扬飞动之势，充满生命的力量，饱含人文精神和蓬勃向上的时代精神，实为不可多得的佳作，在本次年度大展中荣登首奖宝座，可谓实至名归。

People all like pine for its fearless and persevering noble character, natural and unrestrained open-minded feelings. Chinese traditional culture regards pine, bamboo and plum blossom as "three durable plants of winter", which are frequently quoted in poems, pictures and "sceneries".

There were over 200 Penjing works participating in the Chinese Penjing Exhibition which hold in Zhongshan city of Guangdong province. Among these works, the black pine which named "Severe Cold Creates Pine Spirit" and created by Mr. Zhang Xinhua was particularly appealing and attractive.

Leaning towards right with robust commencing state, the work contorts and twists from the stem to medial part, then suddenly turns left. Its shape seems to be a soaring dragon out of a deep with an overwhelming momentum, displaying an old, strong, energetic and powerful tendency. Branching from high level, the work stretches its main stem elegantly to the left, which echoes the tree's starting state. The author illustrates brawny and burly lines of the main stem with interchange of soft and hard angles, combination of long and short span. Bold and shrewd lines smoothly running through the main stem forms the main vein full of forceful rhythm, appreciating which makes one exciting. Branches stretch themselves to the left and withdraw from the right. Branch pieces are decorated with lumpy, short and small knots. Without detailed and specific display, the author embodies rough shape of the pine with the impressionistic approach. This skilled and fearless technique of expression maintains the natural beauty of pine and also highlights its soul by simpleness and plainness. "Pine spirit, plum blossom character and bamboo mind". "Pine spirit" is the unique spirit and humanized character of the pine.

The author deeply grasped the spirit of pine and expressed his own emotion by the work as well. The work is presented a dynamic and vivid posture, filled with life force, and full of human spirit and vigorous spirit of the time. It is indeed a rare excellent work. The work topping in this annual exhibition could be called that "merit follows fame".

中国盆景赏石

2012-11
November 2012

中国林业出版社 China Forestry Publishing House

向世界一流水准努力的
——中文高端盆景媒体
《中国盆景赏石》

世界上第一本多语种全球发行的大型盆景媒体
向全球推广中国盆景文化的传媒大使
为中文盆景出版业带来全新行业标准

《中国盆景赏石》
2012年1月起
正式开始全球（月度）发行

图书在版编目（CIP）数据

中国盆景赏石. 2012. 11 / 中国盆景艺术家协会主编. -- 北京：中国林业出版社，2012.11
ISBN 978-7-5038-6809-2

Ⅰ.①中… Ⅱ.①中… Ⅲ.①盆景－观赏园艺－中国－丛刊②观赏型－石－中国－丛刊 Ⅳ.①S688.1-55②TS933-55

中国版本图书馆 CIP 数据核字（2012）第 255872 号

责任编辑：何增明 陈英君
出 版：中国林业出版社
　　　　E-mail:cfphz@public.bta.net.cn
　　　　电话：(010) 83286967
社 址：北京西城区德内大街刘海胡同 7 号
　　　　邮编：100009
发 行：新华书店北京发行所
印 刷：北京利丰雅高长城印刷有限公司
开 本：230mm×300mm
版 次：2012 年 11 月第 1 版
印 次：2012 年 11 月第 1 次
印 张：8
字 数：200 千字
定 价：48.00 元

主办、出品、编辑：中国盆景艺术家协会
E-mail: penjingchina@yahoo.com.cn
Sponsor/Produce/Edit: China Penjing Artists Association

创办人、总出版人、总编辑、视觉总监、摄影：苏放
Founder, Publisher, Editor-in-Chief, Visual Director, Photographer: Su Fang
电子邮件： E-mail: sufangcpaa@foxmail.com

《中国盆景赏石》荣誉行列——集体出版人（以姓氏笔画为序）：
于建涛、王永康、王礼宾、申洪良、刘常松、刘传刚、刘永洪、汤锦铭、李城、李伟、李正银、芮新华、吴清昭、吴明选、吴成发、陈明兴、罗贵明、杨贵生、胡世勋、柯成昆、谢克英、曾安昌、樊顺利、黎德坚、魏积泉

名誉总编辑 Honorary Editor-in-Chief: 苏本一 Su Benyi
名誉总编委 Honorary Editor: 梁悦美 Amy Liang
名誉总顾问 Honorary Advisor: 张世藩 Zhang Shifan

美术总监 Art Director: 杨竞 Yang Jing
美编 Graphic Designers: 杨竞 Yang Jing 杨静 Yang Jing 尚聪 Shang Cong
摄影 Photographer: 苏放 Su Fang 纪武军 Ji Wujun
编辑 Editors: 雷敬敷 Lei Jingfu 孟媛 Meng Yuan 霍佩佩 Huo Peipei

编辑报道热线：010-58693878（每周一至五：上午9：00-下午5：30）
News Report Hotline: 010-58693878 (9:00a.m to 5:30p.m, Monday to Friday)
传真 Fax: 010-58693878
投稿邮箱 Contribution E-mail: CPSR@foxmail.com
会员订阅及协会事务咨询热线：010-58690358（每周一至五：上午9：00-下午5：30）
Subscribe and Consulting Hotline: 010-58690358 (9:00a.m to 5:30p.m, Monday to Friday)
通信地址：北京市朝阳区建外SOHO16号楼1615室 邮编：100022
Address: JianWai SOHO Building 16 Room 1615, Beijing ChaoYang District, 100022 China

编委 Editors（以姓氏笔画为序）：于建涛、王永康、王礼宾、王选民、申洪良、刘常松、刘传刚、刘永洪、汤锦铭、李城、李伟、李正银、张树清、芮新华、吴清昭、吴明选、吴成发、陈明兴、陈瑞祥、罗贵明、杨贵生、胡乐国、胡世勋、郑永泰、柯成昆、赵庆泉、徐文强、徐昊、袁新义、张华江、谢克英、曾安昌、鲍世骐、潘仲连、樊顺利、黎德坚、魏积泉、蔡锡元、李先进

中国台湾及海外名誉编委兼顾问：山田登美男、小林国雄、须藤雨伯、小泉薰、郑诚恭、成范永、李仲鸿、金世元、森前诚二
China Taiwan and Overseas Honorary Editors and Advisors: Yamada Tomio, Kobayashi Kunio, Sudo Uhaku, Koizumi Kaoru, Zheng Chenggong, Sung Bumyoung, Li Zhonghong, Kim Saewon, Morimae Seiji

技术顾问：潘仲连、赵庆泉、铃木伸二、郑诚恭、胡乐国、徐昊、王选民、谢克英、李仲鸿、郑建良
Technical Advisers: Pan Zhonglian, Zhao Qingquan, Suzuki Shinji, Zheng Chenggong, Hu Leguo, Xu Hao, Wang Xuanmin, Xie Keying, Li Zhonghong, Zheng Jianliang

协办单位：中国罗汉松生产研究示范基地【广西北海】、中国盆景名城——顺德、《中国盆景赏石》广东东莞真趣园读者俱乐部、广东中山古镇绿博园、中国盆景艺术家协会中山古镇绿博园会员俱乐部、漳州百花村中国盆景艺术家协会福建会员俱乐部、南通久发绿色休闲农庄公司、宜兴市鉴云紫砂盆艺研究所、广东中山虫二居盆景园、漳州天福园古玩城

驻中国各地盆景新闻报道通讯站点：鲍家盆景园（浙江杭州）、"山茅草堂" 盆景园（湖北武汉）、随园（江苏常州）、常州市职工盆景协会、柯家花园（福建厦门）、南京市职工盆景协会（江苏）、景铭盆景园（福建漳州）、趣怡园（广东深圳）、福建晋江鸿江盆景植物园、中国盆景大观园（广东顺德）、中华园（山东威海）、佛山市奥园置业（广东）、清怡园（江苏昆山）、樊园林景观有限公司（安徽合肥）、成都三邑园艺绿化工程有限责任公司（四川）、漳州百花村中国盆景艺术家协会福建会员交流基地（福建）、真趣园（广东东莞）、屹松园（江苏昆山）、广西北海银阳园艺有限公司、湖南裕华化工集团有限公司盆景园、海南省盆景专业委员会、海口市花卉盆景产业协会（海南）、海南鑫山源热带园林艺术有限公司、四川省自贡市ធ্র井百花苑度假山庄、遂英园（江苏苏州）、厦门市盆景花卉协会（福建）、苏州市盆景协会（江苏）、厦门市雅石盆景协会（福建）、广东省顺德盆景协会、广东东莞市茶山盆景协会、重庆市星星矿业盆景园、浙江省盆景协会、山东省盆景艺术家协会、广东大良盆景协会、广东省容桂盆景协会、北京市盆景赏石艺术研究会、江西省萍乡市盆景协会、中国盆景艺术家协会四川会员俱乐部、《中国盆景赏石》（山东文登）五针松生产研究读者俱乐部、漳州瑞祥阁艺术投资有限公司（福建）、泰州盆景研发中心（江苏）、芜湖金日矿业有限公司（安徽）、江苏丹阳兰陵盆景园艺社、晓虹园（江苏扬州）、金陵半亩园（江苏南京）、龙海市华兴榕树盆景园（福建漳州）、华景园、如皋市花木大世界（江苏）、金陵盆景赏石博览园（江苏南京）、海口锦园（海南）、一口轩、天宇盆景园（四川自贡）、福建盆景示范基地、集美园林市政公司（福建厦门）、广东英盛盆景园、水晶山庄盆景园（江苏连云港）

中国盆景艺术家协会拥有本出版品图片和文字及设计创意的所有版权，未经版权所有人书面批准，一概不得以任何形式或方法转载和使用，翻版或盗版创意必究。
Copyright and trademark registered by Chinese Penjing Artists Association. All rights reserved. No part of this publication may be reproduced or used without the written permission of the publisher.

法律顾问：赵煜
Legal Counsel: Zhao Yu

制版印刷：北京利丰雅高长城印刷有限公司

读者凡发现本书有掉页、残页、装订有误等印刷质量问题，请直接邮寄到以下地址，印刷厂将负责退换：北京市通州区中关村科技园通州光机电一体化产业基地政府路2号邮编101111，联系人王莉，电话：010-59011332。

VIEW CHINA
景色中国

"横林待鹤归" 雀梅 *Sageretia theezans* 谢荣耀藏品 苏放摄影
"Forest which is waiting for crane". Collector: Xie Rongyao. Photographer: Su Fang

中国盆景赏石 2012-11
CHINA PENJING & SCHOLAR'S ROCKS
November 2012

封面摄影：苏放
Cover Photographer: Su Fang

封面："风霜雪雨铸松魂" 黑松 *Pinus thunbergii* 高 130cm 张新华藏品 苏放摄影
Cover: "Severe Cold Creates Pine Spirit". Japanese Black Pine. Height: 130cm. Collector: Zhang Xinhua. Photographer: Su Fang

封四："金鹰" 大化彩玉石 长 76cm 宽 67cm 高 58cm 李正银藏品
Back Cover: "Golden eagle". Macrofossil. Length: 76cm, Width: 67cm, Height: 58cm. Collector: Li Zhengyin

点评 Comments

02 "风霜雪雨铸松魂" 黑松 *Pinus thunbergii* 文：徐昊
"Severe Cold Creates Pine Spirit". Japanese black pine. Author: Xu Hao

卷首语 Preamble

10 卷首语：冰山背面的世界——从中山古镇的展览谈中国盆景在世界盆景格局中的新角色 文：苏放
Preamble: The World Behind Iceberg--On the New Role of Chinese Penjing in World Penjing Structure from Guzhen Town of Zhongshan City Exhibition
Author: Su Fang

盆景中国 Penjing China

38 2012 中国盆景精品展（中山古镇）暨广东省盆景协会成立 25 周年会员盆景精品展于 2012 年 9 月 29 日至 10 月 3 日在广东省中山市古镇镇举行
2012 China Penjing Exhibition & the 25th Anniversary of Guangdong Provincial Penjing Association Selected Penjing Exhibition was Held at Guzhen Town, Zhongshan City of Guangdong Province on September 29th ~ October 3, 2012

论坛中国 Forum China

44 2012 中国盆景精品展（中山古镇）之中国盆景印象 访谈及图文整理：CP
2012 China Penjing Selected Exhibition (Guzhen Town of Zhongshan City) about the Impression of China Penjing   Interviewer & Reorganizer : CP

52 "中山展"过后的思考——畅谈 2012 中国盆景精品展（中山古镇）暨广东省盆景协会成立 25 周年会员盆景精品展观后之感触 访谈及图文整理：CP
Impressions After Attended "ZhongShan Exhibition" ——The Feedback of 2012 China Penjing Exhibition & the 25th Anniversary of Guangdong Provincial Penjing Association   Interviewer & Reorganizer : CP

获奖作品专栏 The Column of Winning Works

58 2012 中国盆景精品展（中山古镇）暨广东省盆景协会成立 25 周年会员盆景精品展金、银奖作品选 摄影：苏放
2012 Chinese Selected Penjing(Bonsai) Exhibition Gold、Silver Award Selection   Photographer: Su Fang

中国现场 On-the-Spot

74 岭南盆景示范表演 制作：吴成发
The Demonstration of Lingnan   Penjing Processor: Wu Chengfa

盆景中国 Penjing China

80 2012 中国风之旅——2012 中国盆景精品展（中山古镇）后广东周边中外嘉宾参观团访问系列——趣怡园篇 访谈及图文整理：CP
2012 China Wind Tour – The Series of Foreign Guests' Delegation Visited Guangdong Surrounding after 2012 China Penjing Exhibition (Guzhen Town of Zhongshan City) – About Quyi Garden   Interviewer & Reorganizer : CP

82 2012 中国风之旅 (2)——2012 中国盆景精品展（中山古镇）后广东周边中外嘉宾参观团访问系列——真趣园篇 访谈及图文整理：CP
2012 China Wind Tour (2) – The Series of Foreign Guests' Delegation Visited Guangdong Surrounding after 2012 China Penjing Exhibition (Guzhen Town of Zhongshan City) – About Zhenqu Garden   Interviewer & Reorganizer : CP

话题 Issue

94 走向世界的中华瑰宝 文：黎德坚
Going To the World — Chinese Art Author: Li Dejian

盆景中国 Penjing China

96 2012年中国盆景精品展（中山古镇）评比计分表
Assessment Scoring Form of 2012 China Penjing Exhibition (Guzhen Town of Zhongshan City)

100 2012年中国盆景精品展（中山古镇）（小型）评比计分表
Mini Penjing's Assessment Scoring Form of 2012 China Penjing Exhibition (Guzhen Town of Zhongshan City)

工作室 Studio

102 侧柏改作 制作、撰文：王华峰
Adaptation of *Platycladus orientalis* Processor/Author: Wang Huafeng

专题 Subject

104 浅议"写意"盆景 文：邵武峰
The "Impressionistic" Penjing Author: Shao Wufeng

养护与管理 Conservation and Management

106 盆景素材的培育（五）——《盆景总论》（连载七）文：【韩国】金世元
Penjing Materials Nurture—*Pandect of Penjing*（Serial Ⅶ）
Author:[Korea]Kim Saewon

古盆中国 Ancient Pot Appreciation

112 紫砂古盆铭器鉴赏 文：申洪良
Red Porcelain Ancient Pot Appreciation Author: Shen Hongliang

赏石中国 China Scholar's Rocks

113 "彩霞满天" 三江红彩玉 长 60cm 高 50cm 厚 32cm 李正银藏品
"Clouds sky". Sanjiang Red Colorful Jude. Length:60cm, Height:50cm, Thick:32cm. Collector: Li Zhengyin

116 赏石文化的渊流传承与内涵（连载六） 文：文牲
On the History, Heritage and Connotation of Scholar's Rocks (Serial VI)
Author: Wen Shen

120 论赏石文化的比较优势 文：雷敬敷
On the Comparative Advantage of Scholar's Rocks Author: Lei Jingfu

卷首语 Preamble

124 卷首语：冰山背面的世界——从中山古镇的展览谈中国盆景在世界盆景格局中的新角色（日文版） 文：苏放
氷山裏面の世界——中山古鎮鎮の展示会により、世界盆景業界に中国盆景の新役割について説明する「日本語版」 文：蘇放

冰山背面的世界

——从中山古镇的展览谈中国盆景在世界盆景格局中的新角色

文：苏放 Author: Su Fang

冰山的一角，我们经常说这个词，形容某种东西在全局中的位置。

如果世界盆景是一个巨型的冰山的话，中国盆景在哪里？

"2012中国盆景精品展（中山古镇）暨广东省盆景协会成立25周年会员盆景精品展"过后的一天，我看到喜马拉雅山山顶和脚下迥然不同的风景后，脑子里突然出现了这个标题，冰山背面的世界。

其实，如果走出中国的国界，你会强烈地感觉到：世界盆景发展的近30年几乎就是日本盆景全球化的历史。这种盆景美学体系惊人的全球化的整合和集中程度如果没去过这些国家你是根本体会不到的！

在欧洲、美国、亚洲……中国之外的几乎所有地方你都能感受到：日本盆景无处不在。全球盆景中几乎所有的"盆景制高点"都被来自日本的盆景血脉所覆盖，只有中国除外。

在中国之外，几乎所有的全球盆景美学评判价值链上占据最高点的"系统整合者"或"组织之脑"都有日本盆景传承的影子。

这种瀑布效应（Cascade Effect）对全球盆景的发展和美学定位有着深远的影响，这意味着：发展中的后来者们不仅在追赶领先的"系统整合者"方面必定声音薄弱，而且在参与创造全球盆景结构里所谓"冰山中看得见的那部分"先天不足，从而成为"冰山"背面的美学价值链上世人看不见的一角，无论盆景的发源国——中国，还是欧洲意大利、西班牙甚或亚洲的韩国、马来西亚的盆景都不能避免这样的事实。

这两天最新的消息是来自英国《卫报》11月9日的报道：世界经济合作与发展组织预测，中国在未来四年内将超过美国，成为世界最大的经济体。该组织还说，到今年年底时，中国经济的规模将超过欧元区。美国的《美国新闻与世界报道》11月9日在谈到这一数据时也说，美国失去世界第一经济大国这一地位的预测听起来让美国人心烦意乱，但这并不意味着世界末日，只是中国经济在世界舞台上占的比例确实更大了。澳大利亚的《悉尼先驱报》则评论说美国竞争激烈的总统大选可能并不会改变世界，但"中共18大"后的中国却很有可能改变世界。

是的，世界正拭目以待。中国正在崛起，这可能是全球面临的本世纪最大的变化。

与此同时，中国盆景的复兴正在借助令人瞩目的中国经济体规模的增大，悄悄地追求着自己的新角色，在这种世界盆景的未来格局中寻找自己的新角色感。中国广东中山古镇的这次展览就是这样的"中国声音"的一次体现。

中国的岭南派盆景是全球盆景中有自己的历史传统的最热衷于表达人与大自然之间（和谐而不是对抗）的关系一种独

Author Introduction

Su Fang is initiator, publisher and chief editor of 《China Penjing & Scholar's Rocks》 and the proprietor of China Flower and Penjing magazine. Besides, he is a contracted musician with Warner Music International Ltd. which is one of the world top three music corporations. Being a major planner, Su participated in the preparations for establishing the state-level China Bonsai Artist Association in 1988. He had been secretary-general thereof since 1993 and assuming the post of chairman since 1999.

立思考,这一切来源于它无拘无束的有亲和力的空间感和历史跳跃传承的线条白描手段,它既有纵深也有平面,而且会经常给你一个结构上的意外之笔,从美学思考上看,这次展览无疑是一次空前的"中国语言"的盆景大会。

微型盆景头一次作为主要角色之一单辟了一个宁静的上百盆的专有展区,尺寸肆意的几十米宽的超大型盆景首次出现在盆景展开幕式的舞台上。而超过500盆以上拥有传统的中国岭南派技法和语言的盆景让你的眼睛第一次有了不够用的感觉。尽管很多还有待成熟和改进,但这确实是一次规模和视觉效果都让人心跳加速的展览。

中国岭南派盆景的创意语言是盆景世界中的一种拥有独立的美学思考和历史血缘的盆景语言。自由的激情、幻想的不羁、低调的诗意、创意无限的美术结构完全统一在一棵不断生长改变的活着的生命上,相比日本的大逆转高强度制作后将瞬间美术结构永久性定格的日本松柏类盆景,中国岭南的杂木类盆景的创意动机似乎永远没有结束,永远能看到它继续发展,永远可以告诉你一个山回水转后的全新的创意,每一个线条发展都能告诉你另一个生命成长的故事,古老又清新,厚重又轻盈,具象里还有抽象,哲学和诗意里又有很高的技术含量,绵延不绝,回味悠长,每一棵树都告诉你一个中国人天人合一的哲学理念。

这是另一种属于东方人的美学体系。是的,与日本盆景完全不同。

我想说:从世界范围的角度上看,中国岭南派的技术语言是舍利干的语言形式出现后,全世界盆景的未来格局中很有发展前途的另一种语言。毕竟,中国是盆景的发源国。岭南派的这种自由的、没有模式的空间的语言感,就是对这种角色感的一种平和而客观的说明。

"2012中国盆景精品展(中山古镇)暨广东省盆景协会成立25周年会员盆景精品展"是中国盆景艺术家协会第五届理事会2010年换届后举办的一次技术含量空前的大型展览活动。几天里,上万络绎不绝的观众来到这里,与盆景在一起,静静地体验着盆景的美妙世界。700多盆大小不一的作品令很多走进展场的老盆景人震撼和惊讶虽然岭南派的东西居多,中国北方的很多松柏类名作这次很多还没来得及出现,现场的不少作品还欠缺成熟,有的盆景展前修饰、配盆、几架或结构都还存在很严重的缺陷,但你还是可以感到:这次展览绝对是新中国1949年建国以来的一次少见的岭南派盆景的超级盛宴!

本期和下期《中国盆景赏石》的主角当然是2012中国盆

景精品展（中山古镇）暨广东省盆景协会成立25周年会员盆景精品展上的作品们，我们在11月和12月的专辑里破天荒地一下子刊出了40张整版大片和展览中的几乎全部金银铜奖作品和两个盆景封面，其它的展品也会在后面陆续刊出。

为了深度客观地体现很多人诟病的展览中出现的评审的问题，我们甚至还破天荒地刊出了所有评委给盆景的打分纪录，所有评委的打分纪录都历史性地刊载在了这一期的文字里，搞得评委之———中国盆景新秀樊顺利说：这样的压力实在是太大了，深怕自己的打分误评了某盆作品。但既然有那么多人谈论这个问题，我们就领天下之先大胆地把这次评审记录定格在历史上吧，不管好坏，这就是历史，最真实客观的记录。所有读者不妨可以对照评分记录，自己也给刊出的这些盆景打打分，看看你的认知和评委们的有何不同。你也可以把你自己的作品点评寄给我们，只要不是人身攻击的、有专业见地的水平深刻的真知灼见，我们一定会为你刊登。

中国虽然已经崛起，但中国盆景依然年轻，走向世界需要一次文艺复兴那样的艺术运动和相应的时间，我们在这次展览中看到了不少年轻人的作品，而这，就是中国盆景的未来和希望！

广东省盆景协会的邓孔佳先生对我说了一个他心目中的中国展览的最大遗憾，就是每次花了大量人力物力的展览过后，却没有人组织一个专门的学术讨论来完整地研讨每次展览的结果，每次都是完了就完了，很是可惜。所以我们这次从中国盆景艺术家协会(CPAA)自己组织的展览开始，用传媒的方式来试着参与解决这样的问题。

本期专辑的主角就是这次展览和活动的大量照片，然后就是论坛中国等栏目对这次展览的大量评论。像公开评委评分这样的举动表明：我们想把关于艺术的最终评判交给全体的读者和本会的会员们。是的，这就是我们协会想传达的，也是正在改革的一个重大信息。中国盆景的前进路上肯定少不了困难和障碍，但任何问题都要一个个地解决。特别是跨越现实和理想之间的瓶颈，我相信：中国盆景的春天一定会来临。

上个月在米兰的"Crespi 杯"盆景展上，意大利的世界著名的盆景大师 Massimo Bandera 先生郑重地把欧元钞票和一份英文的会员申请表交到了我的手上时告诉我说，他的很多学生都很喜欢这本《中国盆景赏石》并希望能够加入我们的队伍，而欧洲非常有影响的"Crespi 杯"盆景展也正在和我们商讨建立中国和意大利盆景人之间的中意盆景会员俱乐部的跨国交流和对接平台。中国台湾的华风展上，前亚太盆景大会主席陈苍兴先生把随身所带的2000美元都塞到了我的手里，并告诉我这是对CPAA的一点敬意和赞助，并真诚地大声告诉身边所有的中外嘉宾："中国盆景艺术家协会的这本《中国盆景赏石》是我们全世界盆景界华人的骄傲！"

与此同时，全世界越来越多的国家级展览都正在主动邀请《中国盆景赏石》前往报道和采访，当然最有体会的还是这次参观了本届中山古镇的展览的中外嘉宾们，他们的评论就在本期中，读者们慢慢品味吧！

在这里，我要对我们协会和编辑部的所有仍在加班的两、三个还非常年轻的专职同事们说一声感谢，他们正在让工作流程按部就班地继续高速地运转。这样一个拥有数千名会员的全国性协会，加上每月必须出版一期的128页的国际一流水准的大型传媒，加上我，一共三、四个专职的工作人员，我们的效率其实已经令全球同事瞩目。当然，我们的工作还不够好，仍然在改进中，我们的团队仍在建立中，但相信不久的将来，我们将进入全世界最强大的国家级盆景协会的行列，并在5年内成长为一本全球最美丽的世界级的盆景传媒。这是我们的承诺，也是我们的自信！CPAA 未来的精英级团队和全球的众多要求加入我们队伍的中外盆景人让我看到了这样的希望。

是的，中国盆景艺术家协会(CPAA)在经历了过去25年的风风雨雨后正在迎来一次全新的重新崛起，此次中山古镇的大型活动的影响力让很多中外观众看到了CPAA的品牌力量，而10月份由中国风景园林协会盆景赏石分会主办的安康的第8届全国盆景展也是规模空前，越办越好，让人眼界大开！中国台湾的"华风展"在10月里的展览（这些后续报道都将陆续刊出）又一次地令人瞩目，我相信：世界盆景的未来20年的最具强势发展势头的新角色，一定是中国盆景！

我知道，全体中国盆景人都期待着这一天。

The World behind Iceberg
--On the New Role of Chinese Penjing in World Penjing Structure from Guzhen Town of Zhongshan City Exhibition

The phrase of "the tip of an iceberg" referring to the position of something in overall situation is always talked about.

If world Penjing is a giant iceberg, where is Chinese Penjing?

After I saw the widely different scenery between the mountaintop and the foot of the Himalayas in the first day after "2012 China Penjing Exhibition (Guzhen Town of Zhongshan City) & the 25th Anniversary of Guangdong Provincial Penjing Association Selected Penjing Exhibition", this title, "The World behind Iceberg" suddenly occurred to me.

Actually, if going out of Chinese national boundaries, one will strongly feel that the latest 30 years of world Penjing development is almost the history of Japanese Penjing globalization. If one has not been these countries, he could not experience such amazing global entity and concentration degree of this Penjing aesthetic system!

In Europe, America, Asia…almost all places except for China, one could feel that Japanese Penjing is everywhere. Almost all "Penjing commanding heights" in global Penjing are covered by Japanese Penjing soul, except China.

Outside China, almost all "system integrators" or "organization brains" occupying the peak in global Penjing aesthetic assessment value chain have shadows of Japanese Penjing inheritance.

This Cascade Effect has a profound effect on global Penjing development and aesthetic orientation, which means: successors in the development are not only weak in terms of pursuing leading "system integrators", but also congenitally deficient in terms of participating in creating the so-called "visible part of an iceberg" in global Penjing structure, thus they become the invisible corner in aesthetic value chain behind the "iceberg". Penjing could not avoid this fact no matter China which is Penjing's originating country, or Italy and Spain in Europe or even Korea and Malaysia in Asia.

A piece of hot news these days comes from the report of *The Guardian* on November 9th : OECD forecast that China would have exceeded America within the next four years and become the largest economic entity in the world. This organization also indicated that Chinese economic scale would have surpassed Euro zone by the end of this year. American "*U.S. News & World Report*" also expressed when mentioning this data on November 9th that the forecast that America would lose the position of the world's largest economic giant sounds distracted for Americans which though does not mean the end of the world but larger ratio of Chinese economy in the world arena. "*Sydney Herald*" of Australia commented that American fierce presidential election may not change the world, but China after "*18th CPC National Congress*" is likely to change the world.

Yes, the world is waiting and seeing what will happen. China is rising abruptly, which may be the biggest change the world faces in this century.

Meanwhile, the revival of Chinese Penjing is stealthily pursuing its own new role and seeking new role feeling in future structure of this world Penjing with the help of the remarkable increase of Chinese economic entity scale. The exhibition of Guzhen Town of Zhongshan City in Guangdong Province of China is an embodiment of this "Chinese voice".

Chinese Penjing of Lingnan style is an independent mind in global Penjing having its own historical and most keen to express the (harmonious not adversarial) relationship between human and nature, which comes from its unfettered and gentle sense of space and line drawing method of inheritance and leaping in history. It always provides you a structural surprise comprehensively. In terms of aesthetic thought, this exhibition is undoubtedly an unprecedented "Chinese language" Penjing conference.

A tranquil proprietary exhibition area of hundreds of pots is set for miniature Penjing which firstly become one of the main characters. Ultra-large Penjing with width of dozens of meters first appear on the stage of Penjing exhibition opening ceremony. Over 500 pots of Penjing with traditional Chinese Lingnan style technique and language make you firstly dazzled. There are much to be mature and improved, though it is an exhibition which has amazing scale and visual effect.

Creative language of Chinese Penjing of Lingnan style is a kind of Penjing language with independent aesthetic consideration and historical blood in Penjing world. Free passion, fantastic unlimitedness, low-pitched poetry and unlimitedly creative art structure are completely unified in a living life which is continuously growing and changing. Compared with Japanese pine and cypress Penjing permanently freezing instant art structure after creation of a big changeover and high strength, Chinese weed tree Penjing of Lingnan style seems never finish its creative motivation. It could continue its developing forever and could tell you a brand new creativeness after overlapping mountains and tortuous water forever. Every line development could tell you the growth story of another life, aging but fresh, dignified but light and specific but abstract. Philosophy and poetry have high technology content, which is going on continually and impressive. Every tree tells you a Chinese philosophical concept about oneness of man and nature.

This is another aesthetic system belonging to Orientals. Yes, it is totally different with Japanese Penjing.

I would like to express that the technical language of Chinese Lingnan style is another promising language in future structure of world Penjing after the appearance of shari language form from the perspective of world scope. After all China is the originating country of Penjing. This free special language sense without pattern of Lingnan style is a gentle and objective explanation for this role sense.

2012 China Penjing Exhibition (Guzhen Town of Zhongshan City) & the 25th Anniversary of Guangdong Provincial Penjing Association Selected Penjing Exhibition is a large-scaled exhibition activity with highest quality and unprecedented technical content held by CPAA after changing 5th council in 2010. In a few days, thousands of viewers come here in an endless stream to experience the beautiful world of Penjing tranquilly with Penjing. Over 700 pots Penjing with different size shock and surprise many experienced Penjing people coming to the exhibition. Although there are more works of Lingnan style, many Chinese northern pine and cypress works do not appear in time. A lot of works on the spot have not developed completely and some Penjing modification, decoration, frames or structures yet exists quite serious defects, but you could still feel that this exhibition is absolutely an infrequent super feast of Lingnan style Penjing since the founding of new China in 1949.

The leading roles of this China Penjing & Scholar's Rocks are works in 2012 China Penjing Exhibition (Guzhen Town of Zhongshan City) & the 25th Anniversary of Guangdong Provincial Penjing Association

Selected Penjing Exhibition. It occurs for the first time that we have published 40 full pages of blockbusters, almost all works of gold & silver awards in the exhibition and two Penjing covers. Other exhibits will be published in succession after then.

In order to reflect that many people denounce review problems appearing in the exhibition profoundly and objectively, we have even published all scoring records for Penjing by all judges unprecedentedly. Historically publishing all judges' scoring records enables a promising young person of Chinese Penjing, Fan Shunli who is also one of judges said that is quite stressful and he is afraid of his scoring wrongly evaluating some work. However, since so many people talking about this problem, we just boldly and firstly freeze this review records in the history, which is the history and most real and objective record no matter it is favorable or unfavorable. All readers might as well grade these Penjing published in this journal by comparing review records to find what is different between your perception and judges'. You could also send us your work comment and we will publish for you as long as it is profound penetrating judgment with professional insight and not about personal attack and.

Although China has risen abruptly, Chinese Penjing is still young. An art movement like Renaissance and corresponding time are needed for Chinese Penjing to go to the world. We have saw works created by many young people, which is just the future and hope of Chinese Penjing.

Mr. Deng Kongjia of Guangdong Provincial Penjing Association told me a greatest regret of Chinese exhibition in his eyes that nobody organizes a special academic discussion to perfectly discuss the result of every exhibition after the termination of it with a large number of manpower and material resources. It is quite regrettable that every exhibition finishes without follow-up summarization. Therefore, we are trying to solve this problem through media from the exhibition of CPAA.

The leading roles of this album are a lot of photos of this exhibition and activity and massive comments from China Forum for this exhibition. Action like publishing judges' scoring indicates that we would like to enable all readers and our members to decide the final evaluation about art. Yes, this is an important message in reform our association would like to deliver. Chinese Penjing prospect could not

avoid difficulties and obstructions which though should be solved one by one, especially stepping over the bottleneck between the reality and ideal. I believe the spring of Chinese Penjing will come.

Before publishing this album, I firstly discovered in my lifetime that I had no strength of saying a coherent sentence to the counter boy when checking baggage in airport. Since association changed the term of office in 2010 till now, fleeting rhythm has almost not stopped everyday. The life of every day in my memory is full of planes, hotels, speaking, listening to others, photographing, writing, sending email, finding places to surf the internet and download file packages, uploading file packages, writing English letters which I was not good at but had to write, making Chinese phone calls, answering English phone calls, less than 6 hours' sleep everyday, getting to sleep sometimes in the case of reading manuscripts…and continuous cough resulting from getting a fever in the airport enabled me not to speak coherently at check-in counter, when I just thought of that I had never gone home in Beijing for more than a month out of the business trip. Looking at beautify registrar's vision pitying me, I resolvedly decided to return the ticket and go home.

In these days when I stayed in bed and nursed my cough, I finally had the opportunity to turn off my cell phone and computer to be isolate with outside and leave that noisy world in the past.

It suddenly occurred to me that my life actually quite lacked the blank feeling in my mind.

Blankness is a kind of nutrient, without which you will die of thirst for it is like water which has no special materials but people could not live without.

Blankness is actually one of poetries in our lives. The soundless world unexpectedly became the most beautiful experience in my life in this year.

We actually should have a moment of blank brain every day in our lives. Penjing origination is actually a brand new art category created after a ritualization thought for blankness.

At this very moment, close all doors and windows, close global online comments about the election result of Obama and Romney making a four-year old American little girl cry, screening all domestic and foreign political and social comments or various rumors and stop the life for a little while, which will makes you feel good.

Slow life is actually one of the core philosophies of Penjing. Anyway, we should not forget what the essence of life is.

In "Crespi Cup" Penjing exhibition in Milan last month, Mr. Massimo Bandera, a world famous Italian Penjing master told me that many of his students quite like this *China Penjing & Scholar's Rocks* and hope to participate in us when he solemnly submitted Euro bills and an English membership application form to me. And European influential "Crespi Cup" Penjing exhibition was discussing with us about establishing a transnational exchange and communication platform of Chinese-Italian Penjing member club between Chinese and Italian Penjing people. In Chinese Style Exhibition in Taiwan China, Mr. Chen Cangxing, the former chairman of Asia-pacific Penjing Session gave me 2000 USD carried on with him and told me this just indicates his respect and support for CPAA and sincerely told all domestic and foreign honored guests that *China Penjing & Scholar's Rocks* of CPAA is the proud of Chinese in Penjing industry in the world.

Moreover, more and more national level exhibitions in the world are actively inviting *China Penjing & Scholar's Rocks* for report and interview. It is undoubtedly that domestic and foreign honored guests who visited this exhibition in Guzhen Town Zhongshan City are most experienced. Their comments are recorded in this album, please taste them slowly!

I would like to thank three staff (one for half-day work): our association and all young full-time colleagues of editorial department who are still working overtime. They are making working process continue operating at a high speed step by step. Such a national association with thousands of members and large-scaled magazine of international first-class level with 128 pages published monthly together with me, four full time staff (one for half-day work): in total have made global colleagues focus their attentions upon our efficiency. Certainly we may be not good enough, we are still improving and our team is still being constructed, but we believe that in the near future we will be among the strongest national level Penjing association in the world and become within five years a world class Penjing media which is the most beautiful globally. This is not only our promise but also our self-confidence! Future elite team of CPAA and global Penjing people who request to participate in our team help me see this hope.

Yes, CPAA is ushering in a brand new regeneration after experiencing 25-year ups and downs. The influence of this large-scaled activity in Guzhen Town of Zhongshan City enables many domestic and foreign viewers to feel the brand power of CPAA. And 8th National Penjing Exhibition with good health held by Chinese Society of Landscape Architecture Penjing & Scholar's Rocks Branch in October also has an unprecedented scale; better and better exhibitions greatly widen people's horizon! "Chinese Style Exhibition" in Taiwan of China at October (these follow-up reports will be published successively) will be spectacular again. I believe that Chinese Penjing must be the new role with strongest development momentum in next 20 years in world Penjing!

I know all Chinese Penjing people are looking forward to this day.

VIEW CHINA
景色中国

"紫霞仙子下凡间" 三角梅 *Bougainvillea spectabilis* 吴成发藏品 苏放摄影

"Looks like female celestial come to earth". Paper Flower. Collector: Wu Chengfa. Photographer: Su Fang

VIEW CHINA
景色中国

"春意盎然" 博兰 *Ponamella fragilia* 彭盛材藏品 苏放摄影
"Spring is in the air". Collector: Peng Shengcai. Photographer: Su Fang

VIEW CHINA
景色中国

"松风明月" 五针松 *Pinus parviflora* 高 115cm 沈水泉藏品 苏放摄影
"Pines under moon light". Japanese White Pine. Height: 115cm. Collector: Shen Shuiquan. Photographer: Su Fang

VIEW CHINA
景色中国

"一柱擎天" 桧柏 *Sabina chinensis* 高 120cm 缪建宗藏品 苏放摄影
"One pillar to prop up the sky". China Savin. Height: 120cm. Collector: Miu Jianzong. Photographer: Su Fang

VIEW CHINA
景色中国

"回眸一笑满园春" 簕杜鹃 *Bougainvillea spectabilis* 高 110cm 香港趣怡园藏品 苏放摄影
"With a smile, the garden turn lively". Paper Flower. Height: 110cm. Collector: Quyi Garden. Photographer: Su Fang

VIEW CHINA
景色中国

"虞姬" 朴树 *Celtis sinensis* 陈万均藏品 苏放摄影
"Yu Ji". Chinese Hackberry. Collector: Chen Wanjun. Photographer: Su Fang

VIEW CHINA
景色中国

"盆小天地大" 雀梅 *Sagaretia theezans* 高 18cm 黄就伟藏品 苏放摄影
"The pot is small, but the world is large". Height: 18cm. Collector: Huang Jiuwei. Photographer: Su Fang

VIEW CHINA
景色中国

"水乡情"雀梅 *Sageretia theezans* 高 52cm 黄就成藏品 苏放摄影

"Love for a waterside village". Height: 52cm. Collector: Huang Jiucheng. Photographer: Su Fang

VIEW CHINA
景色中国

"松风翠影" 黑松 *Pinus thunbergii* 曾安昌藏品 苏放摄影
"Kown pine's style by its beautiful shadow". Japanese Black Pine. Collector: Zeng Anchang. Photographer: Su Fang

VIEW CHINA

景色中国

"一生一世"雀梅 *Sageretia theezans* 高 33cm 黄就成藏品 苏放摄影
"Love by whole life". Height: 33cm. Collector: Huang Jiucheng. Photographer: Su Fang

VIEW CHINA
景色中国

真柏 *Juniperus chinensis* var. *sargentii* 曾安昌藏品 苏放摄影
Chinese Juniper. Collector: Zeng Anchang. Photographer: Su Fang

VIEW CHINA
景色中国

黑松 *Pinus thunbergii* 陈冠平藏品 苏放摄影
Japanese Black Pine. Collector: Chen Guanping. Photographer: Su Fang

VIEW CHINA
景色中国

"史家绝唱" 小叶榆 *Celtis sinensis* 陈万钧藏品 苏放摄影
"A historical masterpiece". Chinese Hackberry. Collector: Chen Wanjun. Photographer: Su Fang

勒杜鹃 *Bougainvillea spectabilis* 萧焯华藏品 苏放摄影
Paper Flower. Collector: Xiao Zhuohua. Photographer: Su Fang

VIEW CHINA
景色中国

"俯瞰春秋" 山橘 *Fortunella hindsii* 高 20cm　黄就伟藏品　苏放摄影
"Overlooking the change of the world". Height: 20cm.　Collector: Huang Jiuwei.　Photographer: Su Fang

VIEW CHINA

景色中国

"南粤春色" 雀梅 *Sageretia theezans* 袁效标藏品 苏放摄影
"The spring of Guangdong". Collector: Yuan Xiaobiao. Photographer: Su Fang

VIEW CHINA
景色中国

两面针 *Zanthoxylum* 韩学年藏品 苏放摄影
Collector: Han Xuenian. Photographer: Su Fang

VIEW CHINA
景色中国

春花 韩学年藏品 苏放摄影
Collector: Han Xuenian. Photographer: Su Fang

VIEW CHINA
景色中国

"苍松倒挂倚绝壁" 罗汉松 *Podocarpus macrophyllus* 陈自兴藏品 苏放摄影
"Green pine hangs upside down the face of cliff". Yaccatree. Collector: Chen Zixing. Photographer: Su Fang

VIEW CHINA
景色中国

"醉折花枝当酒筹" 红果 *Stranvaesia davidiana* 高 125cm 李春红藏品 苏放摄影
"Pick a flower branch as goblet because of drunk". Height: 125cm. Collector: Li Chunhong. Photographer: Su Fang

VIEW CHINA
景色中国

"古朴雄风" 朴树 *Celtis sinensis* 王景林藏品 苏放摄影
"Simple but imposing". Chinese Hackberry. Collector: Wang Jinglin. Photographer: Su Fang

VIEW CHINA
景色中国

勒杜鹃 *Bougainvillea spectabilis* 欧炳干藏品 苏放摄影
Paper Flower. Collector: Ou Binggan. Photographer: Su Fang

2012

2012中国盆景精品展（中山古镇）暨广东省盆景协会成立25周年会员盆景精品展于2012年9月29日至10月3日在广东省中山市古镇镇举行

图1 出席开幕式的嘉宾

图2 中共古镇镇党委副书记、中山市古镇镇镇长杨荣健在开幕式上讲话

图3 中国盆景艺术家协会会长苏放在开幕式上讲话

图4 世界盆景友好联盟主席胡运骅在开幕式上讲话

Penjing China 盆景中国

2012 China Penjing Exhibition & the 25th Anniversary of Guangdong Provincial Penjing Association Selected Penjing Exhibition was Held at Guzhen Town, Zhongshan City of Guangdong Province on September 29th ~ October 3, 2012

图5 中山市古镇镇副镇长何新煌在开幕式上讲话

图6 广东省盆景协会会长曾安昌在开幕式上讲话

图7 欧洲盆景协会副会长、捷克盆景协会会长瓦茨拉夫·诺瓦克在开幕式上讲话

2012

2012中国盆景精品展（中山古镇）暨广东省盆景协会成立25周年会员盆景精品展于2012年9月29日至10月3日在广东省中山市古镇镇举行

图8 出席祝酒仪式的嘉宾

图9 颁奖现场

图10 颁奖现场

图11 颁奖现场

图12 颁奖现场

Penjing China 盆景中国

2012 China Penjing Exhibition

▶ & the 25th Anniversary of Guangdong Provincial Penjing Association Selected Penjing Exhibition was Held at Guzhen Town, Zhongshan City of Guangdong Province on September 29th ~ October 3, 2012

图13 颁奖现场

图14 近10万人参观盆景展

图15 近10万人参观了盆景展

2012

2012中国盆景精品展（中山古镇）
暨广东省盆景协会成立25周年
会员盆景精品展于
2012年9月29日至10月3日
在广东省中山市古镇镇举行

图16 吴成发现场示范表演

图17 金锡柱现场示范表演

图18 韩学年替张新华领取年度大奖

2012中国盆景精品展（中山古镇）

暨广东省盆景协会成立25周年会员盆景精品展于2012年9月29日至10月3日在广东省中山市古镇镇举行

2012 China Penjing Exhibition & the 25th Anniversary of Guangdong Provincial Penjing Association Selected Penjing Exhibition was Held at Guzhen Town, Zhongshan City of Guangdong Province on September 29th ~ October 3, 2012

中国盆景艺术家协会2010年换届后的第二次全国性大型展览活动在中山古镇迎来了2012年的最大盛事！

2012年9月29日上午10:00,由中山市古镇镇人民政府、中国盆景艺术家协会、广东省盆景协会主办,中国(中山)南方绿化苗木博览会和中山市盆景协会协办的中国盆景精品展(中山古镇)暨广东省盆景协会成立25周年会员盆景精品展开幕式在中国广东省中山市古镇镇南方绿博园隆重举行。

出席开幕式的领导和嘉宾有：中共古镇镇党委书记余锡盆,中共古镇镇党委副书记、中山市古镇镇镇长杨荣健,中共古镇镇党委副书记苏玉山,古镇镇党委委员蔡锡元,中山市古镇镇副镇长何新煌,世界盆景友好联盟主席胡运骅,中国盆景艺术家协会会长苏放,广东省盆景协会会长曾安昌,前亚太盆景大会主席梁悦美,前BCI会长苏义吉,欧洲盆景协会副会长、捷克盆景协会会长瓦茨拉夫·诺瓦克(Vaclav·Novak),韩国小品盆栽协会理事长金世元,韩国盆栽组合会长金汉泳,越南盆栽会会长Honey,泰国盆栽会会长曾汉臣,香港盆景雅石学会主席郑在权,湖北省盆景协会名誉会长、湖北省纪委监察厅厅长曹志振,中国盆景艺术家协会名誉会长鲍世骐,中国盆景艺术家协会常务副会长李正银、吴成发、杨贵生、柯成昆,及中山市林业局副局长卢灶辉和中山市海洋与渔业局副调研员黄德辉,海南省盆景协会会长刘传刚。开幕式上,何新煌、曾安昌、瓦茨拉夫·诺瓦克(Vaclav·Novak)、胡运骅、苏放发表讲话。参加开幕式的还有日本春花园美术馆馆长小林国雄,日本近代盆栽美术馆馆长长谷川修,韩国著名盆栽制作家金锡柱,香港岭南盆景艺术学会会长黄就成,香港盆景雅石学会秘书长李奕祺等海内外的盆景专家及各界盆景爱好者。

29日中午12:00,举行2012中国盆景精品展(中山古镇)暨广东省盆景协会成立25周年会员盆景精品展颁奖及祝酒仪式,出席的嘉宾有苏放会长、曾安昌会长等。

本次展出的作品分为参与评奖区和不参与评奖区两大区域,并将小型盆景单独进行评比,此乃本次展览的一大亮点。此次展览将大、中、小型盆景合理地分区摆放,便于大家欣赏。本次2012中国盆景精品展(中山古镇)共展出185盆,其中参与评比的有183盆,评选出年度大奖1盆,金奖10盆,银奖22盆,铜奖34盆;2012年中国盆景精品展(中山古镇)小型共展出121盆,其中参与评比有97盆,评选出金奖8盆,银奖17盆,铜奖25盆;广东省盆景协会成立25周年会员盆景精品展共展出384盆,其中参与评比的有375盆,评选出理事长奖1盆金奖26盆银奖51盆,铜奖78盆。

29日下午3:00,广东岭南盆景艺术大师、国际盆景大师吴成发先生和韩国著名盆景制作家金锡柱先生进行现场制作示范表演。由于表演时间有限,不能安排每一位嘉宾都进行示范表演,在表演现场很多嘉宾都自发帮忙,有做助手的,有做讲解的,大师们精湛的技艺和独特的技巧,让围观的盆景爱好者们大开眼界,期间传来阵阵掌声和喝彩声。同时,大师们制作时投入的状态也让人折服、钦佩。

本次展览是一场岭南盆景的视觉盛宴,它将载着人与自然和谐结晶的这一具有生命力的艺术奇葩呈现给大家。正如苏放会长在开幕式上的讲话中提到的"盆景是最美好的实现人性沟通的桥梁;盆景是让我们的心驶向未来的一次次旅行,因为盆景,我们很多人认识了真正的自己,学会了感恩,学会了谦卑"。此次展览无论从水平、质量,还是布置格局上都是空前绝后的。

本次展览于2012年10月3日圆满闭幕。

2012中国盆景精品展(中山古镇)之中国盆景印象
China Penjing Selected Exhibition (Guzhen Town of Zhongshan City) about the Impression of China Penjing

访谈及图文整理：CP
Interviewer & Reorganizer: CP

【日本】小林国雄 日本春花园BONSAI美术馆馆长 《中国盆景赏石》海外荣誉顾问兼编委

【Japan】Kunio Kobayashi Curator of Shunkaen Bonsai Art Museum, Overseas Honorary Advisor and Editor of China Penjing & Scholar's Rocks

这次的展览会，首先是参展作品特别多，而且盆景中的树很大！树的个性被扩大、被彰显出来，显得悠然大方，这给我留下了深刻的印象。只是，虽然树的个性被彰显出来是好的，但是也有个性过强的不舒服感。虽然我认为盆景的枝干在某种程度上强调个性是好的，但是重要的是整体的和谐。

盆景，因其最终是要看品格的，所以缺少品格是不行的。人，也是如此。缺乏涵养的人也难担大任。学历和涵养是全然不同的东西。人要靠涵养，盆景要靠品格。虽然这次展览的树很大，但是有问题的树也有很多。用英语来说就是grotesque（奇形怪状的）、奇形怪状的也是不好的。要根据树自身素质来采用创作方法。我认为，应该通过作者的创作方法展示它的品格。日本专业的展览会——日本盆栽作风展也是如此，最终是看盆栽本身的品格的，因为艺术是整体的品格，作者涵养不够就无法成功，艺术家所追求的最终也是品格。

另外，这次展览会上，树和盆的搭配不是很协调。虽然有搭配得好的作品，但是也有让人觉得可笑的作品。搭配协调要考虑盆的形状、颜色、大小、深度、树的位置等。这次的作品中不乏有搭配平衡的作品这是制作者审美意识的感性问题但是，无论是谁在创作绘画作品、雕刻作品，最终都是要追求品性的。

盆栽是有一定的标准的。在日本，1m以下是盆栽公认的高度，在此标准之上的都因为"巨大"而不被认为是盆栽。国风盆栽展上超过1m的也是不予参展的，这是日本的标准。首先，不符合盆栽的条件不可以；其次，是协调；最后，是看品格(品位)。大树因为树龄大，会形成它的品格。盆栽是以小见大的艺术品，浓缩其高度，造出形大的树相才是盆栽。在日本，最终的效果是盆景成为自然的写实。所谓的树小相大这里就是最大限度在1m以内。1m以内的基准上竭尽最大努力表现出大树的相。日本的微型盆栽是10cm以下，超过10cm，又在20cm以下的是小型盆栽，大体上从20cm~50cm是中型盆栽。超过了这个范围的就称为大型盆栽了。

在欧洲、美国等地，盆景的造型和日本的形状相似，因其平衡感好。因为展览会已经公布了标准，所以无论如何都要控制在这个范畴之内。但是，我从过去就认为，来自中国的悠然大方的中国风大型盆景，日本人一定要学习。需要注意的是，要从中国盆景中学会制作出具有朝气的盆景。

What strikes me most in this exhibition is it's numerous of works on display. The trees of Penjing are also in large sizes. And their characters have been amplified and induced, making the trees seem quite graceful and gorgeous, which leaves me a deeply impression. Nevertheless, though it is wonderful that the characteristics are induced, there remains discomfort of excessive features. As far as I'm concerned, it is good to extend and stress the characteristics of a Penjing's branches to some extent, but what weighs a higher position is the harmony of the entity.

The ultimate pursuit of Penjing is its character, so for those which lacks of character are definitely not good Penjing. So are people. Those who lack of cultivation are definitely useless. Educational background is something altogether different from cultivation. People need cultivation, while Penjing rely on character. Although there are varieties of trees exhibited in this exhibition, many of which are with many problems. If we use English word to call those trees with problems, "grotesque" may be the precise word. Grotesque Penjing are also not good Penjing. The tree's characters should be shown through the maker's creative method which should be fit for the tree's quality. In Japan, so is the professional exhibition, for example, Japanese Bonsai Style Exhibition. It is character that should be shown in Bonsai, because

Forum China (About Overseas) 论坛中国（海外篇）

art is all about character. A good Penjing maker cannot lack of cultivation, and an artist's ultimate pursuit is character as well.

However, in this exhibition, trees and pots fail to match very well. Although there are some works with good matches, there are some other funny works that make people laugh. The harmonious match involves taking pot's shape, color, size, depth and the location of the tree into account. Of all the works in this exhibition, there are some harmoniously matched works which are all about the makers' sensibility of aesthetic consciousness. But, whoever creates a painting work or a carving work, character is the final pursuit.

Bonsai, to some extent, has a standard. In Japan, the height within 1m is universally accepted, and others over 1m are not regarded as Bonsai because of their "huge size". On Japanese Kukofu Exhibition, Bonsai whose height over 1m will not be allowed to show, this is the standard in Japan. Firstly, it didn't allow if not conform to the standard of Bonsai; secondly, it is the harmony; thirdly, it's the character. As for the tall trees, they own a long tree-age, so they can form their own character. Bonsai is a work of art of small tree and large structure; condense its height and creating a huge shape. In Japan, the final effect is that Bonsai can be the natural realization. The so-called small tree and large structure means the maximum is within 1m. On the base of 1m, we should try our best to show the tree's structure. The height of Japan mini-bonsai is within 10cm; those with heights from 10cm to 20cm are small Bonsais. And those with heights basically from 20cm to 50cm are called medium-sized Bonsais. And whose size beyond the range is called large-sized Bonsai.

In Europe and America, the structure of Penjing bears a striking similarity to the Japanese Penjing, because of their good balance. For the exhibition has published the standards, in any case, the heights should be within the scope of the criterion. However, I've been keeping the opinion that the Japanese should learn from the graceful Chinese large Penjing. What deserves attention is to learn to make ones with vigor from Chinese Penjing.

「日本」小林國雄　春花園BONSAI美術館館長　『中国盆景賞石』海外顧問と栄誉編集委員

今回の展示会は、まず出品数がたくさんあった。そして、盆栽は木が大きい！個性を伸ばし、引き出されて、木が伸びやかである。それはとても印象が深い。ただ、個性を引き出すことはいいことなんだけど、個性が強すぎると嫌味もある。盆栽の差し桟はある程度伸ばして、個性を強調することはいいと思うが、重要なことは全体の調和である。

盆栽は、最終的には品格だから、品格がなければ駄目である。人間も同じである。教養のない人は駄目である。学歴と教養は全然別のものである。人間は教養、盆栽は品格。大きいけど、癖のある木はいくらでもある。英語で言えば、グロテスク（grotesque）である。グロテスクでは駄目である。それは作り方と木の持つ素質次第である。作家の作り方によって、その品格は出せると思う。日本の日本盆栽作風展というプロの展示会でもそうであるが、最終的に盆栽の持っているのは品格である。アートは全部品格だから、最終的に盆栽の求める最後は品格である。

ただ、今回の展示会では、木と鉢との調和がまだまだである。日本の場合、1m位までは盆栽として認めるけど、それ以上巨大だと盆栽と認めない。国風盆栽展では1mを超えたら駄目。それが日本の基準である。まず、調和。最後に品格（品位）である。盆栽は形小相大である。日本の場合、最終的に盆栽は自然の写実である。形小相大ということはせいぜい1mまでである。1mまでの中でできるだけ大きな相を表現できること。日本の豆盆栽は10cmまで、その次10cmから、20cmまで、大体日本では50cmまでが中品盆栽である。それを超えたのが大品盆栽になる。

ヨーロッパやアメリカでも、日本の形を真似している。バランスがいいから。展覧会に出すための基準があるので、どうしてもこのような枠にはめてしまう。でも、私はむしろ、中国のから伸びやかなスケールの大きな中国風の盆栽を日本人が学ばなければならないと思う。要するに、中国の盆栽から躍動感がある盆栽をする。

【捷克】瓦茨拉夫·诺瓦克　欧洲盆景协会副会长　捷克盆景协会会长

[Czech] Vaclav·Novak Vice-president of Europe Bonsai Association, President of Czech Bonsai Association

这里有许多大尺寸盆景和不同类型的盆景，但是看起来都很自然。在我的国家有很多不同的品种。尽管做盆景是一项艰苦的工作，但是它们都表现的很自然。

世界上许多人都受日本的影响，把日本盆栽作为模型。这一点在交流中很明显。当然，日本盆栽是很完美的，但是它们的生长受到了严格的限制。现在，我们在中国看到了中国的盆景，感到中国的盆景更自由、更尊重自然。我认为，中国盆景更自由，具有更多的创新。就我个人看来，人们在它们所生长的地域获取自然的灵感是很重要的。

因为在中国南方树木生长很快，所以中国盆景艺术家们使用了很多技艺，特别是修剪竹条固定。当然他们也使用线圈缠绕，但是没有欧洲使用的多。

在这里看到的这些树让我印象深刻。但是如果我们考虑到盆景是一门艺术的话，我们就不得不尊重艺术的自由。总之，中国盆景给我留下了深刻的印象，让我感到与自然更接近。

There is a lot of big Penjing, many different kinds of trees and all looks naturally. In my country we grow totally different species. Despite the fact that there is a lot of hard work with the Penjing, their appearance is very natural.

Many people in the world try to find their inspiration in Japan and they use Japanese Bonsai as model for their work. It is more obvious in the time of Internet. Of course Japanese Bonsai is perfect but their growing is subordinated to strict rules. Now we are in China looking at Penjing and I feel more freedom and respect to the nature. I think that Chinese Penjing is formed more freely and I see a huge creativity. In my opinion it is important for the people to find inspiration in the nature in the region they live.

Chinese Penjing artists use many forming techniques - especially cutting and fixing to bamboo sticks because in this south part of Chinese trees grow very fast. Of course, they use also wire technique but not so much as it is used in Europe.

I saw some trees here that made an artificial impression on me. But if we consider Penjing as an art we have to respect the freedom of an artist. In the conclusion I have to admit that Chinese Penjing left a deep impression and feeling the touch of the nature in me.

ここに寸法の大きい盆景及び各種盆景が沢山あるが、全く自然的だと見える。中国において、盆景の種類が極めて多い。盆景をすることは苦しい仕事であり、だが、とても自然的に製作されている。

世界に日本に影響された方は非常に多く、日本盆栽を模範にしている。これは交流するときにはっきりしている。もちろん、日本盆栽はかなり完備するが、成長することは厳しく制限されている。現在、中国で中国の盆景を見て、中国の盆景がより自由で自然通り行うと感じた。私は、中国盆景が日本の盆栽より自由で、多くの革新を有するとは思っている。また、自国で自然を得る霊感がかなり重要だと思っている。

そのため、中国盆景の芸術家たちは多くの技術を利用し、特に枝は竹切りでの固定ということである。線で巻くことも利用されるが、欧州より少ない。

ここでこれらの木を見てから、深い印象を残した。ただし、盆景が一つの芸術であると思う時、芸術の自由さの通り行わなければいけない。つまり、中国盆景により、深い印象を残し、更に自然と近づくようになっていると思う。

「チェコ」ワツウォフ・ノバック（Vaclav Novak）ヨーロッパ盆景協会副会長 チェコ盆景協会会長

【泰国】曾汉臣
泰国盆栽协会会长
[Thailand] Zeng Hanchen
President of Thailand Bonsai Association

我这已经不是第一次看到岭南盆景了。在见到岭南盆景之前，看到的都是日本、中国台湾和泰国的盆栽，当我看到岭南盆景时就觉得中国做树的方法就好像大自然的方法一样，就像天然创造出来一样。跟日本、泰国的三角形的盆栽完全不一样。中国台湾也慢慢地变成半自然、自然的做法，而岭南盆景是纯粹的全部自然的做法。因为我进入盆景界还不是很久，才十几年而已，所以当我在中国见到我们这个岭南盆景时，会觉得没有能早来中国看到这些盆景而惋惜。

岭南盆景这种形式的做法首先是要用心来做，用很大的精神，很大的胆量，因为一棵树从山采下来时，从不是这样子到可以变成这样子。同时，盆栽（盆景）也可以造就一个人的梦想，它反映了一个人的梦想在里面。盆景在买来或者山采来时不是我们的梦想，岭南盆景给我个人的感觉是，改造它是要有胆量的。也包含了很多的技巧在里面，包含了做树人的梦想在里面。它也是我们累了倦了时，休憩的港湾。

我们中国盆景的做法和日本的盆景在做法上不一样，日本多遵循三角形做法，我们岭南盆景则和三角形毫无关系，岭南盆景会将树在大自然中的情形考虑进去，将其结合起来。一个盆景的价值是不能用金钱来衡量的。盆景的文化价值很难讲，任何一盆盆景都是独一无二的，是无价的。

I have not the first time see the Lingnan Penjing. Before seeing Lingnan Penjing, I saw the Bonsai from Japan, Taiwan and Thailand. When I saw the Lingnan Penjing, I thought the tree that Chinese did is like nature, just like natural created. That is completely different with Japan, Thailand's triangle Bonsai. Taiwan has gradually turned into a semi-nature; the Lingnan Penjing is the pure nature of the production. I entered the Penjing circle is not a long time, only ten years only, so when I saw our Lingnan Penjing, I felt pity that I can't see these Penjing early.

The form of Lingnan Penjing is done with a lot of spirit firstly, a lot of guts, because a tree taken down from the mountains, from not like this to be able to become this. At the same time, Penjing (Bonsai) can bring up a person's dream; it reflects the dream of a person inside. Penjing is not reflecting our dreams when it buying and taking from the mountains, Lingnan Penjing give me a feeling is that it is very brave to transform. It also contains a lot

Forum China (About Overseas) 论坛中国（海外篇）

of technology inside, and the dream of tree maker. It is also the harbor when people are tired.

China Penjing and Japanese Bonsai is not the same approach; Japanese are following triangle practices, but we Lingnan Penjing is nothing related with it. Lingnan Penjing will consider the nature, and combine it. The value of Penjing can not measure by money. It is hard to sure a Penjing's value, any Penjing is unique and priceless.

嶺南盆景を見たのは初めてではない。嶺南盆景を見る前、全く見たのは日本、中国台湾及びタイの盆栽であり、嶺南盆景を見る時、中国において木を盆栽にする方法はまるで自然の方法のよう、天然に創り出されるものであると思った。日本、タイの三角形の盆栽と全く異なっている。中国台湾において、次第に半自然及び自然的な造りは形成され、これに対して、嶺南盆景の造り方は全然自然的な造り方は利用されている。私が盆栽業界に入ったのは久しくなく、僅か十数年であるので、中国で嶺南盆景を見た時、早く中国に来てこれらの盆景を見ることをしないことにて惜しむと思った。

嶺南盆景の造り方について、まず心を込んで進み、精神を全然入れ、よく大胆に行うことは必要となる。なぜかというと、一本の木を山から下ろす時、自然な木を今の姿に変える。そのうえ、盆栽盆景（嶺南盆景）により、人の夢想を遂げられ、人の夢想をその中に映せる。盆景を購入し又は山から採り出す時、これは人の夢想ではない、嶺南盆景により私へのイメージは勇敢に改造されるものということである。その中に優れる技術及び盆栽マンの夢想を含める。疲る時、嶺南盆景も休憩よく港である。

中国盆景の造り方は日本のと異なる。日本において三角形の造り方を利用することは多いが、嶺南盆景には木の自然における情況を兼ねて考えるうえ組み合わせる盆景の文化価値もお金にて評定できない、いかなる盆景は唯一のもので、非常に貴重なものである。

「タイ」曾漢臣　タイ盆栽協会会長

【韩国】 金汉泳　韩国盆栽组合会长
[Korea] Kim Han-young President of Korean Bonsai Growers Cooperative

当我第一次看到岭南盆景的时候，我觉得它看起来比日本盆栽更自然。对这种形式长时间的制作和修饰，告诉了你树的历史。

岭南盆景的制作形式对于日本来说是新的。中国盆景更自然，它的表达特征也不同于韩国和日本。它更注重于历史的。

在这里我看到岭南盆景，它不仅仅是简单的形式，而是更加的接近自然。我认为最大的区别就是它看起来更加自然，例如，他们不居于书本上的形式，而是更加自由的形式。

在日本，盆景发展程度很高。然而，这种形式离我也更近。和日本盆栽的形式相比，这种形式的盆景更容易理解，然而，日本的盆景形式有长时间的历史。

When I first see Lingnan Penjing, I think it looking is more natural compared to Japanese bonsai. A long time of making and decoration of this style can tell you the history of the tree.

The style of Lingnan Penjing is new to Japanese. The Chinese Penjing is a more natural style, the characters of which displays in Lingnan is something different from Korea and Japan. It emphasizes the historical appearance of such style.

In this area we see Chinese Penjing, it is not a basic style, and otherwise, it is more natural. I think the difference is that it looks more natural, for example, they do not think about the text-book style, they think the free style.

In Japan, the Penjing is more developed; however, such style is much closer to me. Compared to Japanese style, this kind of Penjing is more understandable; however, Japanese style has long history.

初めて嶺南盆景を見た時、姿のほうに言えば、これが日本盆栽より自然だと思う。日本盆栽より自然だと思う。当該タイプを久しく造及び飾る場合、木の歴史が分かるようになる。日本に対しては嶺南盆景の造り方は新しいものである。中国盆景はより自然で、映される特性も韓国と日本の木の歴史より異なり、より重んじている。

ここで、嶺南盆景を見た。これはタイプが簡単で、かつ自然さに更に近づく。最大の区別について、これがより自然的になると思い、例えば、本によるタイプに限らなく、より自由なタイプを利用する。

日本において、盆景はよく発展されているが、嶺南盆景はより好きである。日本盆栽のタイプと比べ、嶺南盆景がより簡単に理解できる。だが、日本盆景のタイプは長い歴史を有している。

「韓国」金漢泳　韓国盆栽組合会長

【韩国】 金世元 韩国小品盆栽协会理事长、中国盆景艺术家协会韩国会员俱乐部理事长《中国盆景赏石》海外荣誉顾问兼编委

[Korea] Kim Saewon Chairman of Korean Shohin Bonsai Association、Director-general of Korean Member Club of Chinese Penjing Artists Association、Overseas Honorary Advisor and Editor of China Penjing & Scholar's Rocks

很久以前，大约21年前，我就在广州看到过岭南盆景。最近我曾5次拜访广州。这里的一切都发生了变化，让我觉得比以前更好了。种类越来越丰富，造型越来越多变，尺寸也越来越大。同时，表现手法也有了很大的提高。

我认为盆景应该有3个C，即创造(Creation)、内涵(Content)、沟通(Communication)，其中沟通是最重要的。与日本和韩国的盆栽相比，岭南盆景更易与人交流和相处。究其原因是，日本盆栽有太多的人工痕迹和固定形式，所以它们和自然有一些距离，它们的庄重使人感觉不舒服、令人窒息。岭南派比别的流派使用了更多的修饰，这使得盆景与人的交流更容易，与人贴得更近。

我们都知道，盆景起源于中国，它有着悠久的历史，但是近代以来盆景的历史还很短，所以仍然需要继续努力。例如，盆和树的搭配是非常重要的。盆对于树的意义就像衣服对于人，颜色、尺寸；形状也应该适合树才行。盆对树的影响很大，用一句谚语说就是"人靠衣装，佛靠金装"。也就是说，盆决定树的成败！！！

柳宗悦(1889～1961)，一位艺术评论家。我读过他的书，他用简短的语言形容了3个国家盆景的美，中国是重，韩国是线，日本是色。我从大型岭南盆景中看到了重。同时，我看到了中国盆景的未来，并在这里感受到了盆景的热情。

我确信中国盆景将很快在世界盆景中占据领导地位。

I have visited Guangzhou and have seen Penjing in this area long time ago, it will be 21 years ago and I visited here again for 5 times recently. Everything is totally changed; I can feel much better than before. Variety is more rich, more various styles, size is also enlarged. And expressivity is developed much.

I think, Penjing should have 3C, Creation, Contented, Communication, but communication is the most important. Comparing with Japanese and Korean Bonsai, it is easier to communicate with Lingnan Penjing, and more easily commune with Lingnan Penjing. The reason is Japanese Bonsai is more artificial and typical, so there are some distances from naturalness, their dignity make people feel uncomfortable and have difficulty in breathing. Lingnan province is using many ornaments than other provinces, this can commune with Penjing easily, can approach closer to Penjing.

We know well, Penjing is originated from China and its history is long, but modern Penjing history is short, so here are remained some homework. For example, the harmony of pot and tree is very important. Pot has the same meaning for tree just like clothes for human being, color, size; shape should be suitable for tree. Pot has a decisive effect on a tree, as the proverb says "The tailor makes the man". That is, pot can make or break a tree!!!

Yanagi Muneyoshi (1889-1961) he is an art critic, I have read his book, he expressed the beauty of 3 countries for short, China is Weight, Korea is line, Japan is color. In Lingnan Penjing, I felt the weight from many big Penjing. And I have seen the bright future of Chinese Penjing, and felt the passion to Penjing here.

I am sure that China Penjing will lead others in Penjing world very soon.

「韓国」金世元 韓国小品盆栽協会理事長、中国盆景芸術家協会韓国会員クラブ理事長『中国盆景賞石』海外顧問と栄誉編集委員

早くて約21年の前、広州で嶺南盆景を見たことがある。最近、5回も広州を訪問したことがある。ここの一切は既に変わり、より良くなったと思う。嶺南盆景の種類は益々多くなり、造形も益々多く変わり、寸法も益々大きくなっている。同時に、表現手段もかなり向上されている。

盆景に三つのCがあり、即ち：創造(Creation)、コンテント(Content)、コミュニケーション(Communication)、そのうちにコミュニケーションが最も重要だと思う。日本及び韓国の盆栽と比べ、嶺南盆景はより簡単に交流及び付き合うことができる。その原因に関しては、日本盆栽にかなり多い人為的な痕跡及び固定タイプを利用したので、自然からよく離れ、その重々しさにて快適ではないと思われる。ご存知であるが、近代以後、盆景の歴史は短い、そこで、引き続き努力することは必要となる。例えば、盆と木との組合せは非常に重要である。木に対して、盆は人間の服らしい、色、寸法、形状は木に適しなければいけない。盆により木への影響は大きい、俚諺にて言えば、「人は服装によって素敵に見え、佛は金を塗ることによって立派に見える」。盆が木の効果を決めるとも言える。

柳宗悦1889～1961)、芸術評論家。彼は、簡単な言葉を言ったことがあり、即ち：中国は重、韓国は線、日本は色である。私は大型嶺南盆景の中に重を見たうえ、中国盆景の将来を見て、ここに盆景による情熱を感じた。中国盆景が速くここで世界盆景においてリードすると見込んでいる。

Forum China (About Overseas) 论坛中国（海外篇）

【日本】长谷川修 日本近代盆栽美术馆馆长

[Japan] Osamu Hasegawa
Curator of Modern Japanese Bonsai Art Museum

我感到这次展览会参观者很多，特别是参加开幕式的人数之多让我感到惊讶。以前日本的盆栽展上几乎没有这样多的人参加开幕式。关心盆景的人多是盆景展览会和盆景界兴盛的原动力，由此，我对中国盆景的发展抱有很高期待。

展览的作品中给我印象最深的是岭南的"素仁风格"盆景。不拘泥于曲线的搭配，而是在少数的枝上以直线、曲线相结合的方式完成的作品。能看到这种历史悠久的流派制作手法，具有一个国家的地方特色的盆景作品风格是很有趣的。但是对于日本的情况而言，由于国土面积不是如此的广阔，如果以此形式为益的话，我认为可能会有很多人学习或模仿，但很难产生这种地方性特色。但是中国幅员辽阔，各个地域的盆景都有各自的特征。例如，日本的盆景输入到中国，即使认为其作品的风格很好，也不可能全部是这种造型。我感到作品风格的多样性是中国盆景的特征，也是其内在的深刻性。

此外，给我留下的印象是杂木盆景的参展作品要比我想象得多。单是和日本相比，由于气候温暖，杂木盆景中也是常绿树比落叶树要多。以柿科为例，这里常绿的品种（日本称作常盘柿的品种）参展作品数量多。在日本，春夏秋冬四季分明，日本人喜欢盆栽的树姿随季节变化展现出绿叶、红叶、落叶后等姿态的盆栽，冬季的展览会上展出的落叶老爷柿多。即使同样是由中国传入日本的常盘柿和老爷柿，中国人和日本人的喜好也是不同的，这让我感到趣味十足。

I found there were many visitors attending this exhibition. Especially the large amount of visitors who participated in the opening ceremony amazed me. The visitors who previously took part in the opening ceremony in Japan's Bonsai exhibition were not as many as this time. Those who show concerns about Penjing are the ones with original power of the prosperity of both Penjing exhibition and Penjing industry, therefore, I expect much about the development of Chinese Penjing.

Of all works in this exhibition, what struck me most was Lingnan's "Scholar Style" Penjing. This kind of Penjing never rigidly adheres to the curve match; instead, it combines straight lines and curves to shape the work. It is very interesting to see this Penjing making way which has long history as well as a nation's local characteristics. But for Japan's circumstances, Japan's land area is not as vast as that of China, if this style were set as the example in Japan, I think the trend of imitating this style will be strengthened and its local characteristics will be hard to achieve. However, China has a vast land area, different Penjing from different regions have their distinct features. For instance, the Japanese Penjing had been imported to China, even if its Penjing was regarded to have a good feature, the Chinese Penjing will never shares all the same Japanese style. I find the diversity of Penjing work is Chinese Penjing's features as well as its inner profundity.

Besides, what really impressed me was that the amount of the Miscellaneous Penjing presented at the exhibition was more than I imagined. If Chinese Penjing is compared with Japanese Penjing work, due to the warm climate, in Miscellaneous Penjing, the evergreen trees are often more than deciduous trees. Take the kaki for example, the amount of evergreen breed (the breed is often called Chang Panshi in Japan) in this exhibition was much. In Japan, four seasons are distinct. Japanese people like to see the figures of Bonsai to display green leaves, red leaves, and after-falling leaves and so on by seasons. In winter, there are many deciduous crow persimmon presented at the exhibition. I have great fun to see that Chinese people and Japanese people show different affections for Morris' persimmon and Crow persimmon even though they were introduced to Japan from China.

「日本」長谷川修　日本近代盆栽美術館館長

展示会の感想としては来場者の多さ、特に開会式に参加される人の多さに驚いた。日本の盆栽展では、開会式にこれほどの人が集まることは少ないから、盆栽に関心や盆栽界を盛り上げる大きな原動力となるこれからの中国盆景の発展に期待が持てると感じた。

展示作品で印象に残ったものは嶺南地方の盆景「素仁格」である。曲線を組み合わせるのではなく、少ない幹で直線と曲線を組み合わせて形をまとめられたもの。古くからこの流儀で作られているということで、一つの国の中で地方ごとに盆景の古さが見られるのがそれほど広くないことであって、こういう形が良いとされたら、それに倣う傾向が強く、地方ごとの特色がそれぞれに生まれにくいように思う。しかし中国は広いから、各地域ごとで盆景にも特徴がある。例えば日本の盆景が中国に輸入されて、その作風が良いと思われても、すべてがそのスタイルにはならないであろう。そうした作風の多様さが中国盆景の特徴であり、奥の深さだと感じた。

それと、雑木盆栽が思っていたよりも多く出品されていたことも印象に残った。ただ日本に比べて気候が温暖だから、雑木盆栽も落葉樹より常緑樹の数が多いようね。柿を例にとっても、こちらでは常盤柿と呼ばれる品種が数多く出品されている。日本には春夏秋冬の四季があり、葉姿や紅葉、そして落葉する老爺柿など季節ごとに変化する盆栽の樹姿を日本人は好み、冬の展示会では落葉する老爺柿が多く出品される。同じように中国から日本に伝わった常盤柿と老爺柿でも、中国人と日本人との嗜好に違いが現れて面白いと感じた。

【越南】皇尼（阮氏皇）
越南盆栽会会长

[Vietnam] Hoang NY (Nguyen Thi Hoang) President of Vietnam Bonsai Association

这是我第一次来到这里（广东省中山市古镇镇）。我以前没看到过岭南盆景，我对岭南盆景的第一印象很深。因为有这次机会来到这里，我不仅看到了这么多的盆景，而且有这么多来自不同国家的人。当我来到这里的时候，被这么多的杰作所震惊。这里有这么多的盆景，它们不仅仅是盆景，而是盆景中的杰作。所以，我很感兴趣。我想回到我的国家，告诉其他人我看到了这么多好的作品。我以为我在做梦，但是这是真的。

盆景是自然的，而画是来自于自然。盆景需要一个制作者，创作行为和舍利。当你沉浸在盆景中时，你就会与外界隔离，全身心的投入在盆景当中。喜欢树是有趣的，并且需要长期的坚持。如果你住了一个不太好的旅店，而你却看到了盆景并和它们一起相处，你将会变得很开心。一些人不知道它的好处，但它的价值是很大的。

我在世界各地看到过很多树，但是岭南盆景是特别的，不同寻常的。因为距离的原因，欧洲、亚洲及其他一些国家的很多人都不知道岭南盆景及其价值。岭南盆景看起来像一幅画，我们称之为"有生命的画"。

岭南盆景和日本盆栽的不同是因为不同的国家崇尚的不同，不同的国家有不同的历史。岭南盆景非常接近大自然，但是日本盆栽在树方面则很强大。在中国，人们将树做得像声音、风一样灵动。我认为岭南盆景有它存在的价值。

This is the first time we come here. I haven't saw Lingnan Penjing before. The impression of Lingnan Penjing is very impress. Because coming here is a chance, we not only meet too many people who come from many countries. When we come here we are very surprised the masterpiece a lot. Here are many many Penjing, It was not only Penjing but masterpiece. So that was very interesting. So I want come by and make information to my country----here are so many tree like this. I think I dream, but it was true.

Penjing is natural, when the draw is invited the nature. Penjing has a tree maker, artificial and not living tree. When you enjoy the Penjing, you are segregated, and fall into the tree. Liking the tree is very interesting and a long-term lasting. If you had a not good hotel, you see the Penjing and you do with this thing, so that you will happier. Some people they don't know that, but it is value.

I have seen many trees in the entire world, but the Lingnan Penjing is especial but not normal. Because many people who is in Europe, Asian and other country is far from here, they don't know the Lingnan Penjing and its value. Lingnan Penjing looks like a draw; we called it "living draw".

The different between Lingnan Penjing and Japanese Bonsai is that different country has different sanctifier and different history. Lingnan Penjing is very natural, but Japanese is very strong on the tree. In China, people make tree like sound, wind, and so on. I think Lingnan Penjing has its value to exist on the world.

「ベトナム」ハニー（Nguyen Thi Hoang）ベトナム盆景協会会長

ここ（広東省中山市古鎮鎮）に来たのは初めてである。この前、嶺南盆景を見たことはなく、嶺南盆景により私への第一印象はとても深い。今回のチャンスによりここに来て、多くの盆景を見たうえ、各国からの人々を見た。ここに着いた時、これらの多くの傑作によりびっくりした。これらの盆景は僅か盆景ではなく、盆景中の傑作である。そのため、大好きになった。ベトナムに戻って皆にこの多くの作品を教えたいと思っていた。夢の中にいるが、これが実のことである。

盆景は自然的なもので、絵は自然的なものを源にする。盆景に、一人の制作者、創作行為及び舎利は必要となる。盆景に浸る場合、世の中から離れ、心を盆景に全く込めるようになる。木が好きだということは面白い、且つ長く堅持することは需要となる。良くない旅館に泊まってお側で盆景を見れば、その価値は非常に大きい。盆景の利点が分からない方は多いが、素晴らしいである。長い距離にて、欧州、アジア、及びその他の国において、多くの人は嶺南盆景とその価値が分からない。見ると、嶺南盆景は絵らしいので、「生命のある絵」と呼ばれる。

嶺南盆景と日本盆栽が異なり、なぜかというと「異なる国が憧れるものは異なり、異なる国は異なる歴史を有する。嶺南盆景は自然にかなり近づき、但し、日本盆栽に関しては木の制作に優れる中国において、皆は木を、声及び風のように生き生きとして制作する。私は、嶺南盆景の存在価値があると思っている。

廣東真趣園全景

品名：真趣松
命名：蛟龙探海
规格：飘长238cm
作者：广东真趣园

中国真趣松科研基地

谁经过多年的科学培育，大胆创新，培育出了世界首个海岛罗汉松的植物新品种——"真趣松"？

报道：2010年3月，国家林业局组织专家实地考察，技术认证，确认"真趣松"为新的植物保护品种并向广东东莞真趣园颁发了证书。

广东真趣园一角

地理位置：广东东莞市东城区桑园工业区狮长路真趣园
网址：www.pj0769.com
电话：0769-27287118
邮箱：1643828245@qq.com

主持人：黎德坚

广东真趣园六周年志庆

"中山展"过后的思考

——畅谈 2012 中国盆景精品展（中山古镇）暨广东省盆景协会成立 25 周年会员盆景精品展观后之感触

访谈及图文整理：CP
Interviewer & Reorganizer: CP

Impressions After Attended "ZhongShan Exhibition"

——The Feedback of 2012 China Penjing Exhibition & the 25th Anniversary of Guangdong Provincial Penjing Association

梁悦美 中国盆景艺术家协会名誉会长 亚太盆栽联盟（ABFF）前理事长

中山展是全国大展，规模很大，展览中有很多优质盆景，特别是有些山水盆景，远近层次、构图比例很有气氛，可圈可点。会场布局很好，展场上面摆置很多彩带，增添了艺术气息，可见策展人用了很多的心思及努力。全国大展是属于精品展，尽量要经过严格的评比，挑选出水平高的盆景，避免产生良莠不齐的现象。

这次展览最令人惊喜的是新增了小品盆景展区，在中国盆景越种越高、越巨大的巨型盆景的潮流中，注进了一种不同的崭新的感觉。中国盆景展览，这次最令人惊讶的是有小型盆景的展览区，大家看到小型盆景时的第一反应都是大声地喊："哇，盆景也可以做这么小、这么讨人喜欢啊！"大家在小品盆景展区徘徊流连,不舍离去。我个人认为，可以用一尺以下的小树表现出一棵很好看的大树，是非常好的。

我所知道一般国际上树高的分类有：巨型盆景、大型盆景、中型盆景、小品盆景。

一、巨型盆景：100cm 以上，150cm 以下的盆景，因其重量大、体积大、动辄要用多人或机械，不能随意搬动，需要置于特别宽广的空间。对于现代都会区或一般民众生活空间有限，摆置不易。但是，现在有一些大企业家，雄才大略、气宇磅礴、土地广阔，所以非常喜欢种植巨型盆景。我们可以给这些巨型盆景美丽的名字，例如：庭院艺术树或庭园美型树。

二、大型盆景：100cm 以下，这种大型盆栽顶多两人就可搬动，是目前国际盆栽家最喜欢的高度，这种盆景的气派、格调、古意都能充分表现出来，是一般爱好者最理想的盆景。

三、中型盆景：75cm 以下是目前国际最流行的盆景，一个人用双手可以自由搬动，管理方便，可任意布置于玄关、客厅、茶几、礼堂，也是目前国际间最受欢迎、价值最高、最能表现盆栽技术、同时也是最具观赏性及价值的盆景。

四、小品盆景：30cm 以下称为小型盆景，单手可以搬动，成本低、管理方便，可布置于茶几、办公桌或客厅中。特别适合心思细腻、盆艺手法高超的玩赏家，一般的住家居民，上至王公贵胄、下至贩夫走卒都可以拥有，在国际间引起注意、掀起热潮，例如：欧美、日本、中国台湾等都以馈赠小型盆景为代表友情和文化的珍贵礼物。在欧美，甚至圣诞节所有的大百货公司都有满满的人潮挤在小盆景专卖区。小品盆景是使盆景普及的最好方法，人人都应以"家有盆景"为荣。

我们盆景要普及，做小型盆景是非常值得推荐的。三寸、五寸就可以代表一棵山上的大树。尤其是岭南盆景，它主张树要有自然美，做小型盆景最适合。我最欣赏这次展览中的小型盆景，也希望有一些人可以朝这个方向发展。

盆景是种在盆子上可以随意搬动到家里的客厅、书房、办公桌甚至任何一个角落的，能增加生活乐趣的植物。因为一个家庭种植小盆景能增加生活乐趣，所以我极力主张小型盆景的栽种。在我的紫园里有300多盆的小型盆景，而且来参观的外宾都会特别流连在小型盆景这里观看，不肯离去。

岭南盆景是盆景里面最自然的，是对山上大树的缩小，非常接近大自然。岭南盆景"截干蓄枝、去芜存菁"，把大枝弄掉，换小的，利用人工的手法，让枝条上下起伏、有变化，从而呈现出转顺宛转的自然美的意境。中国台湾的盆景是倾向岭南派盆景的作法，让它呈现自然的美态。

我认为岭南盆景走向世界是绝对有意义的。岭南盆景，中国台湾的盆景都崇尚自然美，人来自大自然也消失于大自然中，盆景做得越自然就越能感动、接近人心。我个人认为，崇尚大自然的岭南盆景和中国台湾的盆景应该是走向世界舞台最得人心的捷径。

我个人认为盆景展览可以分几个展览区：

一、巨型盆景，它在大的庭园及大的空间可充分展现它的气势及魄力。

二、大型盆景（100cm以下）、中型盆景（75cm以下）可在同一展区内展出，非常协调、动人、美观。

三、小品盆景（30cm以下）可设计高雅小隔间，放置每一棵小品盆景。每个小隔间中，可以用一个几架放置三盆、五盆、七盆的小品盆景组合成一局。小隔间的背面可用图画，小品盆景的底下可用小赏石、小青草来陪衬。可让参观者感到它的玲珑娇小可爱。

以上是我参加本次中山古镇盆景精品展的一些个人浅见，就教方家，期待看到中国盆景欣欣向荣。

鲍世骐 中国盆景艺术家协会名誉会长 2012中国盆景精品展（中山古镇）监委

中山盆景展总的来说是比较成功的，特别是评比中基本上做到了公平、公正、公开。但由于受地域影响，树种比较单一，偏南方较多，使整体盆景展示水平受限。遗憾的是这次展览中先前规定了带线的作品不能参展，后来又规定可以适当带线了，但是由于通知不够到位，导致很多好的作品没能在展览上看到，因此没有真正体现出中国盆景的整体水平。我认为线的缠绕是一种技艺，是盆景评比的重要依据，也是一盆盆景的欣赏点。不能说带线的盆景就一定是不成熟的，而不带线的就肯定是成熟的。评委是会对盆景总体做出最终评判的，盆配得合适，舍利制作的好坏，绕线的水平，几架配置的得体等，都要评委来把握打分。所以，在展览评比中还是不要限制的太多，这样才能聚集到全国各地最好的盆景参加展览。但有些规定倒是必须的，如盆景的规格、树龄和成熟度。

岭南杂木盆景文化底蕴深，制作水平高，不输中国台湾、日本，各有所长。蓄枝截干理论世界公认，但在其他树种上最好能剪扎结合，同时应用舍利制作技术，这样对岭南盆景能起到一种促进。岭南盆景体现了岭南文化，但盆景应该无地域无国界，需互相交流、互相学习、互相促进。盆景培养应根据当地的自然条件，创作应"顺其自然"。

中国盆景是将园林技巧、国画技巧、儒家文化思想等结合起来的一门艺术，中国盆景走向世界是迟早的事情，现在只是一个时间问题。我个人认为，盆景要多搞展览、多做买卖、多开拍卖会，多交流、多流通，通过其价值的体现来产生良性循环。做买卖是让盆景体现经济价值的一种手段，体现出价值就会有更多的人去研究它，从而也就促进了盆景的发展。

柯成昆 中国盆景艺术家协会常务副会长

本次中山盆景展很有特色，盆景数量之多，场地之大，可以说是一场视觉盛宴，今后应该多举办这样的展览会。以盆景的大小规格区分不同的展区，每个展区都有它的特色，从超大型到微小型盆景的展示，显示了我国盆景的发展向着多元化领域延伸、拓展，方向是不拘一格的、没有限制的，各种类型的盆景都有它的精髓所在，都具有很好的发展前景。

印象深的是此次展会展区的设置，因景而异，分区巧设。超大型盆景展区的近20盆超大型盆景，这是平时难得一见的，其中不乏有价值上千万的古木。室内的微型盆景展区也别具观赏价值，这将是城市发展趋势需求，也会是全世界盆景的发展趋势。美中不足的是，本次展会松柏类盆景较少，大部分是杂木类。

日本的树桩盆景由中国传入，称之为"盆栽"。选材上以黑松占的比例大，在结合树的造型及吸收各国文化精华后所开创的属于自己特色的技术手法，代表性制作"舍利干"就很有风格，但过于模式化（样板式），发展比较有局限性。其实现在有些日本人也在学岭南派的手法，可能他们也看到了自己的不足，说明了岭南派的技法也是有相当值得借鉴学习的地方。岭南盆景艺术作为我国盆景艺术流派中的后起之秀和重要组成部分，在海内外享有较高的声誉，不仅是因为岭南之地素有"春江水暖鸭先知"之称，得天独厚的自然环境为盆景艺术繁荣提供了极有利的条件，更重要的是它作品本身所散发出来的诱人气息和独特风格之美。它"蓄枝截干"技法别具特色，形式多样，意境深邃，表现手法有一种生命的张力，运用自如，在中国盆景的发展及盆景文化的发扬道路上所体现的位置是不可小觑的。

郑永泰 中国风景园林学会花卉盆景赏石分会副理事长 中国盆景艺术大师 广东省盆景协会成立25周年会员盆景精品展监委

这次展览不论从展场布置和展览环境都比往届展会有很大改进和提高，既有室内也有室外，并分别设立超大尺寸盆景和小品盆景专区，成为展会中的亮点，这是前所未有的尝试，参展作品质量也较好，可以说这是历来水平比较高且独具特色的一次展览盛会。

这次展览由两个展区组成，左侧的2012中国盆景精品展展区，除广东省的盆景之外，还有100多盆来自各个省份的精品盆景，右侧广东省盆景协会成立25周年会员盆景精品展展区中，基本上全部都是岭南盆景，岭南盆景技艺的最大特色就是"近树造型，蓄枝截干"，其采用树种和造型形式多种多样，近些年来由于信息的发达和交流增多，也逐渐融入一些地区的技艺和手法，如蓄枝截干结合了一些金属丝攀扎，风动式、垂柳式及山水盆景新作增加，使岭南盆景形式和内容更加丰富完善，而这次展览也给全国盆景爱好者提供了一个很好的交流平台，虽然爱好和审美角度会有差异，但相信在交流中会得到新的启发和提高。

这次因是精品展，在评比中精品意识增强，广东省会员精品展虽然不可能全是精品，但还是严格按照一树二盆三几架的整体审美原则，评委认真给每盆作品打分，计分结果实名公示，没有几架的作品不予评奖，有的很优秀的作品就因没有几架没给评奖，那些没经艺术加工的木板架，木桩，甚至包装的砖头都不算几架，在今后精品展中应明确做出规定，没有几架不得进场参展。提高精品意识是必须引起盆景界关注的重要课题，从制作技艺到配盆配几架，盆面处理以至布展，尽量体现一树二盆三几架的完美盆景艺术效果。这次小品盆景展区，就是把树、盆、几架还有背景环境融合在一起展示出来，所以效果特别好，深受观者好评。

刘传刚 中国盆景艺术家协会副会长 2012中国盆景精品展（中山古镇）评委

这次的评比，我们是严格按评比的游戏规则来执行的。在展览会里超高的、缺少几架的，这些我们会严格把关，不予评奖。评比标准有以下几个方面：1. 选材是否恰到好处，是否成熟或成熟度高低；2. 整体效果及景、盆、架、名四位一体；3. 养护与管理，是否有病虫害；4. 造型或布局章法，是否留有过多人工处理痕迹。我们是综合性打分，而且在给每一盆盆景打分时都是通过分门别类考虑，严格按照"硬指标"来实施的。

这次评比的评委可以说是相对公正的，如果我们评委中的某一个人对某一盆盆景的评分有出入的话，那就是个人的综合水准问题了，品质上是肯定的。评比公不公正，态度端不端正，我认为也是肯定的。每个评委心中都有杆秤，即使是对于自己所属省份的作品也要有一种公正，如果对一个作品开绿灯，那么很有可能其他的作品也要求开绿灯，那么局部合理了，整体就不合理了。我认为我们这种整体合理，求大同存小异的方式是正确的。而且这次张榜公布结果，保证公正、公平。即便某个参展者感到某个评委给的分数不合理，那么就可以直接找这个评委，要求这个评委给予合理的解释。

对于展览中"老面孔"参展问题，我们作为评委是无法杜绝的。如果想解决这样的问题，还要从准备工作做起，在选拔之前就要以文字形式规定，在选拔时就拒收此类作品，或者在摆放时就分开摆放，参展不参评。但是这次出现的这种"老牌"、"王牌"作品常占宝座的现象还比较少，我们评委是严格把关的，原来获过金奖的、国家级一等奖的作品这次只拿了银奖，这就说明我们这次参展的作品水平提高了，金奖作品也不是一成不变的，就像奥运会一样，原来是冠军队员，下一届不一定就是冠军，或可能就得了亚军、季军，甚至没有入围。我个人认为应该尽可能减少"老面孔"，要鼓励"新面孔"作品参展。在这方面我们可以分开展览，在国家级评比中获过金奖的老作品，尤其是在同类盆景展览会中获过金奖的作品可以不予参评，颁发荣誉证书；获过银奖、铜奖的可以参评，但如果仍获原级别奖则取缔，因为同样的展览同样的奖项没有特别的意义，应该把这样的荣誉多给新人，鼓励新人新作。这只是我的一管之见。

我认为盆景展览最好是分开摆放，分开评比。这次的小型盆景展区就是一个突破。因为以往的小盆景和大盆景一起评比，小盆景要吃大亏。就这次的展览来说，在大中型盆景展区中，相对规格小的作品，获奖的就很少，因为大盆景的分量、年功都显而易见，一下就把小盆景比下去了。万事开头难，这次展览的突破是难能可贵的，也是应该给予肯定的，同时，它也从一个侧面说明以后的盆景展、尤其是这种国家级的大型盆景展要更明确地分区、分规格评比，我们要做的工作很多，而且我们需要做的更加细腻一点。

这次展览中岭南派盆景比较多，岭南派盆景是很工整的，就像书法中的楷书；海派是很娴熟的，就像书法中的行书；以湖北为中心的动势盆景，像行草，或者说个别的像狂草。但是盆景中的艺术表现手法应该是千姿百态、风格各异，特别是要做到"胸有丘壑、因材制宜、见机取势、以形传神"，达到"源于自然而高于自然"的艺术境界。枝法造型也要有个度，既不是越硬越好，当然也不是越柔越好，还是应该刚柔并济、雄秀结合。如枝法造型讲求："一枝见波折，两枝分短长，三枝讲聚散，有露亦有藏"。我最近看到很多岭南派盆景，尤其是我个人也是处于岭南区域，岭南派的作品确实很有味道，但是我也从许多其他派别的作品中看到了岭南派的味道。许多作品"你中有我，我中也有你"。评委一定要摆脱门派，按游戏规则评比。

这次展览整体来说还是很不错的，有评比中的严密规则，期待下次展览更加精彩！

徐伟华 中国盆景艺术大师 2012中国盆景精品展（中山古镇）评委

这次在中山古镇举办的中国盆景精品展和广东省盆协会员作品展，尽管参展的省份及盆景数量不是很多，但我感觉总的效果不错。大师、收藏家的作品很好，香港吴成发先生的参展作品到了炉火纯青的境界，而且盆景后起之秀脱颖而出，作品初露头角。张新华的黑松力作，这次被评为年度大奖，说明后生可畏，可喜可贺。

举办一个如此大规模、高规格的盆景精品展，首先感谢当地政府相关部门企业家们的大力支持，感谢各级盆协的鼎立协作和无私地付出。

盆景创作我历来主张因材制宜，根据桩材的大小确定作品成型高度。大规格盆景伟岸高大，当然好看；小型盆景小中见大，也显艺术特色。比如，黄就伟这次参展的微型盆景就令人叹为观止。中国盆景，尤其是岭南盆景选桩很讲究，培植更讲究。根要盘根错节；枝要左右前后错开，不布对称枝，枝的粗度要节节递减，比例适当；树干要老态嶙峋，弯曲有度。我非常赞同柯成昆文章里说的，盆景从选材到栽培，直到变成一棵精品，至少要花上十几年甚至几十年的时间。盆景就是要"七分研究、三分管理"。"研究"就是设计将一个树桩如何变成一棵盆景的动态的系统工程，"管理"就是杀虫、淋水、施肥。一盆精品盆景的完成离不开"七分研究"和"三分管理"。

盆景的艺术价值与经济价值是相联系的。光有经济价值而没有艺术价值是没有意义的。那么盆景艺术是什么呢？我非常同意广州一位陈先生的说法：有些人拿一株植物栽种在盆上就称作盆景，这是对盆景的污蔑。

这次展览的不足，我认为是宣传工作做得不太到位，比如说对参展作品尺寸大小的规定等，导致有些参展的展品超标。几架的搭配还需要进一步研究，盆景和几架的搭配大小适中、高矮相配、颜色协调，只有这样，几架和作品才能相得益彰。几架可以不讲究材质，但是得考究款式和颜色。

我建议盆景展览可以设一个或两个高额的奖项，以此来吸引大家的眼球，借此来促进盆景的发展。

我认为将中国盆景推向世界是非常有必要的，但我们首先要将国内的宣传工作做好，才能谈向国外做宣传。我们的盆景会员、盆景人要积极地向周围的人宣传盆景，对于渴望学习盆景创作的人要毫不保留地对他们进行一些技术指导，帮助他们更快更好地了解盆景，加入我们的行列。

罗传忠 中国盆景艺术家协会副秘书长 中国盆景高级技师

我对中山展的总体印象是非常好的，这次盆景展览的整体效果非常好，而且参展作品水平很高。和原来国内的展览比，从整个场地的布置到每一个盆景配的几架、屏风来看，这次展览的整体布展效果提高很多。作品水平也是我所看到历届比较高的精品很多，有些作品之前得过国家级金奖的，可能这次得到银奖就不错，从这一点来看，这次参展作品水平比较高，评委把关也比较好。

再一个深刻的感受就是岭南盆景有了很大幅度提高。这次展览在广东，参展作品中以岭南盆景为主，展示了岭南盆景大部分精品，体现了其现在的水平，岭南的主要技法蓄枝截干手法已经被表现得淋漓尽致。

但是我们按照精益求精的标准来看这次展览，还是有值得努力的地方。虽然布置好，有几架配，效果好，有背景，但是使人眼睛发亮、有震撼力的作品不多。虽然都是精品，但大多是普通精品，一些高端精品没有展现出来。可能有很多优秀作品，由于各种原因未参展，或者是一些比较好的作品，目前尚欠火候，就差一两年功夫。这些作品若能面世，肯定要比现在的好。

以后还要向高端盆景努力，要全面提高我们的修养，真正和国际接轨。首先，我们盆景人要向这方面努力，做出更多的高端精品；其次，我们盆景艺术家协会要做出引导，平时要多发现各地盆景中的优秀作品，参展时可以做工作让作者展现出来；最后，参展费用方面，对我们平时发现的比较好的作品，可以给予一点补贴，让更多的好盆景参加展览。这样我们的展览就又上一个档次了。

**伍恩奇 中国盆景艺术家协会副秘书长
中国盆景高级技师**

**黄昊 中国盆景艺术家协会副秘书长
中国盆景高级技师**

我们对这次展览的印象很好。

首先，布展好。不管是中国盆景精品展展区还是广东省会员盆景精品展展区，整个展场、地面、背景板、展品之间的距离，还有中间小景点的布置都充分显示了布置方的精心设计，雄浑大气，达到了"精品"级别。尤其是小品展区布展别出心裁，充满文化韵味，印象深刻。

其次，精品佳作多。作品之多、之精以前展会实属少见，这是对中国盆景实力的一次检阅，也是"岭南"盆景能量向全国盆景界的初步展示。

第三，评奖公正。采用评比打分制，评分公示制，杜绝了不公正行为，大快人心！对参展者可通过评委的打分找出自己作品的差距，以提高技艺；对评委是一种促进和提高，有利于锻炼出一批能胜任评选全国作品的优秀评委，淘汰综合素质差的评委，缩小南北评委评分差距，促进盆景界和谐。

第四，规格有所松动，顺应人心。国家展规格放到了高125cm，广东会员展更是一步放到位，不限品种，不限规格，作品豪放霸气，蔚为壮观。但是，我们发现，有的作者对作品的"大"理解有偏差，我们所指的"大"是指作品的雄浑、霸气、顶天立地的意境，为达到这一艺术效果而带来的树木的大直径、用盆的大尺寸，综合起来就成为大型盆景、超大型盆景，而不是在几米的长盆种上许多小树。就像千万张小竹排拼揍在一起并不能成为航母一样。

第五，开幕式结束之后，所有的展场都对公众开放，对于盆景文化起到普及和推动作用。

2012中国盆景精品展（中山古镇）暨广东省盆景协会成立25周年会员盆景精品展金奖作品选

摄影：苏放 Photographer: Su Fang

"风霜雪雨铸松魂" 黑松 高130cm 张新华藏品

"回眸一笑满园春" 三角梅 高110cm 香港趣怡园藏品

"公孙乐" 雀梅 萧庚武藏品

"金风玉露一相逢" 雀梅 高60cm 吴成发藏品

"古朴雄风" 朴树 王景林藏品

"云重枝垂紫作荫" 三角梅 高120cm 香港趣怡园藏品

"神仙舞曲" 雀梅 高90cm 香港趣怡园藏品

"生存" 榕树 飘长70cm 韩学年藏品

2012 Chinese Selected Penjing (Bonsai) Exhibition Gold Award Selection

The Column of Winning Works 获奖作品专栏

"铁骨天籁" 榕树 高100cm 宽160cm 吴国庆藏品

山松 何焯光藏品

"春意盎然" 博兰 彭盛材藏品

"松风明月" 五针松 高115cm 沈水泉藏品

"俯瞰春秋" 山橘 高20cm 黄就伟藏品

"横林待鹤归" 雀梅 谢荣耀藏品

"松风翠影" 黑松 曾安昌藏品

"一生一世" 雀梅 高33cm 黄就成藏品

2012中国盆景精品展（中山古镇）暨广东省盆景协会成立25周年会员盆景精品展金奖作品选

摄影：苏放 Photographer: Su Fang

山甲木 萧焯华藏品

"水乡情" 雀梅 高52cm 黄就成藏品

"盆小天地大" 雀梅 高18cm 黄就伟藏品

"南粤春色" 雀梅 袁效标藏品

山松 劳寿权藏品

山松 何焯光藏品

"奇峰叠影" 六角榕 萧庚武藏品

九里香 鲁家富藏品

2012 Chinese Selected Penjing (Bonsai) Exhibition Gold Award Selection

The Column of Winning Works 获奖作品专栏

"层云叠翠"真柏 黎德坚藏品

九里香 肖永佳藏品

山橘 高130cm 林伟栈藏品

"蟠龙探母"雀梅 飘长80cm 肖健田藏品

"山林春色"相思 何永康藏品

"紫霞仙子下凡间"三角梅 吴成发藏品

九里香 阮建成藏品

"众志成城"雀梅 黄泽明藏品

2012中国盆景精品展（中山古镇）暨广东省盆景协会成立25周年会员盆景精品展金奖作品选

摄影：苏放 Photographer: Su Fang

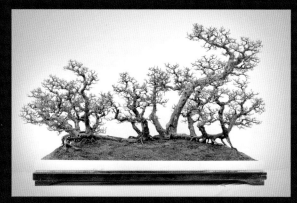
"秋林野趣" 雀梅 陈满田藏品

"根深叶茂展新姿" 雀舌罗汉松 曾安昌藏品

"公孙乐" 山橘 李仕灵藏品

"云岩滴翠" 黑松 康永成藏品

"群峰凌云翠影深" 六角榕 陈宗良藏品

棠梨 何伟源藏品

勒杜鹃 欧炳干藏品

"醉折花枝当酒筹" 红果 高125cm 李春红藏品

2012 Chinese Selected Penjing (Bonsai) Exhibition Gold Award Selection

The Column of Winning Works 获奖作品专栏

"游龙戏凤" 万年荫 暨佳藏品

"情怀故土" 山松 杨兴潮藏品

"榕树礼赞" 榕树 高150cm 冼汉煌藏品

"秋韵隐逸" 红牛 高110cm 刘光明藏品

"虞姬" 朴树 陈万均藏品

"苍松倒挂倚绝壁" 罗汉松 陈自兴藏品

勒杜鹃 萧焯华藏品

2012中国盆景精品展（中山古镇）暨广东省盆景协会成立25周年会员盆景精品展银奖作品选

摄影：苏放　Photographer: Su Fang

"荒岛幽林" 五针松 高95cm 沈水泉藏品

五针松 高110cm 宽100cm 卢和平藏品

"灯火满万家众艺争红艳" 万年荫 高95cm 吴成发藏品

"谦谦君子" 山松 彭盛材藏品

"傲骨飘香" 九里香 何伟源藏品

"漓江春水" 九里香 黄泽明藏品

"柔情似水" 三角梅 高120cm 罗传忠藏品

"来自高山" 山松 飘长100cm 陈应权藏品

"曲韵灵魂" 附石榆 曾安昌藏品

"天高云淡" 珍珠罗汉松 马容进藏品

2012 Chinese Selected Penjing (Bonsai) Exhibition Silver Award Selection

The Column of Winning Works 获奖作品专栏

"共唱和谐" 九里香 袁松华藏品

"绿茵如画映风骨" 赤楠 高 110cm 陈有浩藏品

"把酒欢歌" 朴树 谭大明藏品

"俏在新雨时" 红果 徐闻藏品

"盛世苍榕" 细叶榕 吴垂昌藏品

"昂首天外" 三角梅 郑大兴藏品

"霓裳紫带志凌云" 紫薇 张华江藏品

榕树 高 100cm 宽 130cm 柯成昆藏品

"海岛渔歌" 九龙壁（水石）张永庆藏品

"凤凰朝阳" 榕树 高 100cm 刘波藏品

2012 中国盆景精品展（中山古镇）暨广东省盆景协会成立25周年会员盆景精品展银奖作品选

摄影：苏放 Photographer: Su Fang

"翠叶藏金映碧波" 金弹子龟纹石水旱盆景 高85cm 宽120cm 鄢久长藏品

"春晓松影" 五针松 高95cm 沈水泉藏品

水横枝 王金荣藏品

杜鹃附石 张新华藏品

雀梅 梁有来藏品

"粤韵风华" 山橘 梁干枝藏品

"暮山凝碧" 铁包金 马建赞藏品

"南柯一梦" 榆树 高38cm 黄就成藏品

九里香 飘长40cm 廖振明藏品

山甲木 陈桥东藏品

2012 Chinese Selected Penjing (Bonsai) Exhibition Silver Award Selection

The Column of Winning Works 获奖作品专栏

山松 张建忠藏品

"龙腾" 两面针 高41cm 飘长75cm 黄就成藏品

铁包金 韩学年藏品

"和谐" 雀梅附石 袁效标藏品

"敬亭山" 福建茶 甘瑞春藏品

雀梅 郑永泰藏品

"小巧玲珑" 山橘
高30cm 麦永强藏品

雀梅 梁有来藏品

雀梅 梁有来藏品

2012中国盆景精品展（中山古镇）暨广东省盆景协会成立25周年会员盆景精品展银奖作品选

摄影：苏放 Photographer: Su Fang

"两面针" 飘长130cm 梁根胜藏品

"风雨同力构舞姿 威武鼎力迎客来" 榕树 何锡全藏品

"情怀江渚" 朴树 何长洪藏品

"翠韵" 勒杜鹃 高168cm 冼家驹藏品

"蟠龙探淦" 红果 李广田藏品

"疾风冠海南" 博兰 熊至荣藏品

"追龙" 杜鹃 林学钊藏品

"笑迎天下客" 相思 高160cm 刘俊辉藏品

山松 杨庆生藏品

"榕韵" 榕树 洪容兴藏品

2012 Chinese Selected Penjing (Bonsai) Exhibition Silver Award Selection

The Column of Winning Works 获奖作品专栏

福建茶 劳杰林藏品

"独钓寒江" 山橘 卢国威藏品   红牛 廖开文藏品

"海阔天空" 博兰 曾令舜藏品

"南国乡情" 榕树 暨佳藏品   "得天独厚" 朴树 陈家劲藏品   "蛟龙出海" 山橘 黄连太藏品

"迎客松" 黑松 飘长98cm 付建明藏品   "春暖乾坤" 黑松 飘长98cm 李剑灵藏品   "傲节松风" 水松 张华江藏品

2012中国盆景精品展（中山古镇）暨广东省盆景协会成立25周年会员盆景精品展银奖作品选

摄影：苏放 Photographer: Su Fang

"漓江春晓" 满天星、英石 长160cm 邓桂松藏品

"争奇斗艳" 香楠
申五金藏品

山松 飘长80cm 苏沃全藏品

"喜相逢" 相思 王成藏品

"树中树" 榕树 陈永雄藏品

榕树 麦永强藏品

"有凤来仪" 真柏 张乃强藏品

"奇乐" 山橘 黄继涛藏品

"相思" 陈光明藏品

"傲骨欺风" 勒杜鹃 江国斌藏品

The Column of Winning Works 获奖作品专栏

2012 Chinese Selected Penjing (Bonsai) Exhibition Silver Award Selection

"南歌北舞" 柏树 袁锦河藏品

榕树 张国良藏品

六角榕 罗培健藏品

福建茶 高135cm 陈秋武藏品

"醉卧镜湖天外林" 朴树 陈万均藏品

山橘 吴查理藏品

"傲骨凌霄" 雀梅 黎晃厚藏品

"吉祥闹春" 东风橘 陈焕登藏品

"寒江独钓" 勒杜鹃 麦勤照藏品

杜鹃附石 张新华藏品

2012中国盆景精品展（中山古镇）暨广东省盆景协会成立25周年会员盆景精品展银奖作品选

摄影：苏放 Photographer: Su Fang

"赛龙夺锦"杜鹃 高130cm 叶炎棠藏品

"虬龙引项"朴树 梁振华藏品

"横林待鹤"雀梅 谢淦辉藏品

"群英会"相思 黎小明藏品

"揽月"黑松 飘长118cm 蔡长展藏品

"乡亲爽"九里香 高118cm 冯都绿藏品

"松韵"黑松 沈石豪藏品

九里香 麦永强藏品

"原野"相思 许汉荣藏品

"岭南三秀"朴树 张汉荣藏品

SPECIAL RECOMMEND ▶ 本期特别推荐

中国四大专业盆景网站

请立即登陆

中国岭南盆景雅石艺术网
| http://www.bonsai.gd.cn

盆景乐园
| http://penjingly.5d6d.com

盆景艺术在线
| http://www.cnpenjing.com

台湾盆栽世界
| http://www.bonsai-net.com

图1 制作完成后正面图

岭南盆景示范表演
The Demonstration of Lingnan Penjing

制作：吴成发
Processor: Wu Chengfa

作者简介

吴成发，世界盆景友好联盟（WBFF）国际顾问，中国盆景艺术家协会常务副会长，中国风景园林学会花卉盆景赏石分会副理事长，香港盆景雅石学会永久名誉会长兼副主席，广东省盆景协会副会长，广州盆景协会副会长，香港尊尚发展有限公司董事长兼总经理。

About the Author

Wu Chengfa has multiple identities: the international consultant of WBFF; the managing vice-president of China Penjing Artists Association; vice chairman of Chapter of Flowers, Penjing and Artstone, Chinese Society of Landscape Architecture; permanent honorary president and vice chairman of Hong Kong Penjing & Artstone Society; vice chairman of Guangdong Penjing Association; vice chairman of Guangzhou Penjing Association; Chairman of the Board and General Manager of Hong Kong Zunshang Development Co., Ltd.

On-the-Spot 中国现场

2012年9月29日，吴成发先生在2012中国（中山古镇）盆景精品展暨广东省盆景协会成立25周年会员盆景精品展上做现场表演，现介绍其全过程：

On September 29th, 2012, Mr. Wu Chengfa played an on-the-spot demonstration in 2012 China (Zhongshan) Penjing Exhibition & 25th Anniversary of Guangdong Provincial Penjing Association Selected Penjing Exhibition. The overall process is introduced as follow:

图2 制作前正面图
福建茶修剪前，显得杂乱无章。
The front view before process Ehretia microphylla is rambling before clipping.

图3 首先把树叶摘掉，看清树型后才好进行修剪。
Firstly remove leaves, clip leaves after noticing the tree shape.

图4 树叶摘完后，先剪前面的枝条，以便看清后面的枝托。
After removing leaves, firstly clip the front branches so as to clearly watch the back branch supports.

图 5 对后面的枝条进行粗剪
Roughly clip the back branches

图 6 枝条的走向大概明朗后,对枝条进行细剪
Carefully clip branches after almost knowing branch trend.

On-the-spot 中国现场

图 7 对树顶进行修剪
Clip the top of tree

图 8 脱盆后把靠近树头的泥去掉，板根显得更好看。
Remove the mud which close to the tree head after taking off the basin, so that the root appears more beautiful.

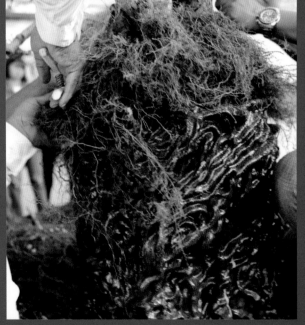

图 9 根据树形，配了一个石湾异型盆，对根进行梳理。
Take a Shiwan profiled pots according to the tree's shape, and clear up the root.

图 10 介绍泥土成分（塘泥、木炭、兰花土），主要以疏水为主。
Introduce mud components (pond sludge, charcoal and orchid soil) which are based on hydrophobization.

图 11 种好后，开始铺苔藓。
Start spreading moss after planting.

On-the-spot 中国现场

图12 根据树型对回头枝作最后的调整修改。
Take the final regulation and modification for the back branches according to the tree shape.

图13 修剪后对树更细心的观察，看有没有可以修改。
More carefully observe the tree after clipping to ensure whether it needs clipping again.

图14 作品完成后的效果
通过细心的修剪和换盆，一件赏心悦目的福建茶盆景展现在我们的面前。
The effect of work after process
A delectable Ehretia microphylla Penjing emerges to us through careful clipping and basin-changing.

A delectable Ehretia microphylla Penjing emerges to us through careful clipping and basin-changing.

2012中国风

——2012中国（中山古镇）盆景精品展后广东周边中外嘉宾参观团访问系列
——趣怡园篇

2012 China Wind Tour
– The Series of Foreign Guests' Delegation Visited Guangdong Surrounding after 2012 China (Guzhen Town of Zhongshan City) Penjing Exhibition – About Quyi Garden

2012年10月1日，2012中国（中山古镇）盆景精品展暨广东省盆景协会成立25周年会员精品展的开幕之后，中国盆景艺术家协会组织了几十人的中外嘉宾参观团一行人，在领队邓孔佳先生的带领下来到了位于深圳市罗湖区东湖水库旁的趣怡园参观访问，园主吴成发先生热情地接待了大家。

与众多国内盆景家在院内建筑私人住宅的做法不同的是，在深圳东湖占地十余亩的趣怡园，就是一个纯粹的盆景园，收藏精品盆景达2000余盆，古盆的收藏量也很大。这里除了盆景园展架和古盆雅石展示长廊，只有喝茶的小憩之处，没有什么国内盆景园常见的私人住宅建筑，没有锦鲤池，没有假山、水池或太多的园林建筑，这里的主角只有一个——盆景，由此可以看出，园主吴成发先生在这里关注的东西只有一点——盆景，而且是典型的中国岭南派的精华集萃——中国的杂木类盆景。而走进院内后，几十位中外嘉宾迅速散开不见了踪影，大家的目光一下子被园内的2000多盆盆景吸引到各个深处和角落。在参观过中山盆景展之后来到的这个世界级的杂木类盆景园里，来自多国的中外盆景参观团的嘉宾们眼界大开。泰国盆景会长曾汉臣说这里的东西在日本是绝对看不到的一种中国风格，而且质量如此之高，让他感觉好像又来到了一个高水平大展览。杂木类品种之多，令人嘘吁。而有的国内私人松柏类盆景园的制作高手来到后说，这里的作品的做法与他所习惯的完全不同，出枝走位令人意想不到，岭南派盆景的技法语言在这里表现得如此丰富，好像打开了一

之旅

Penjing China 盆景中国

趣怡园独具特色的休憩区

参观团在趣怡园合影

中国盆景艺术家协会名誉会长梁悦美教授也是第一次来到趣怡园

后面探出的人影配饰,让画面活了起来

看到美景,梁教授也忍不住驻足留影

融入佛教思想的盆景

"寒雀催春"

扇全新的大门,令他有如进了一个全新的大课堂,"真长见识了!"

在雅石和古盆的展览长廊中,日本的古盆鉴赏大家小林国雄和国内外嘉宾们一边观赏一边品评了吴先生丰富的古盆收藏、观赏石。

在参观趣怡园的过程中,国外嘉宾对岭南盆景的一些做法和配置颇感兴趣,欧洲盆景协会副会长瓦茨拉夫说,中国盆景的配件很有意思,但为什么中国盆景的人物配件都是男的没有女的?他怎么也想不通这个问题,因此他就此与岭南派盆景大师吴成发先生进行了深入探讨。越南盆栽协会会长Honey提到,这里有些树种是她们国家没有的,能在这里看到这么多平时看不到的树种和盆景,特别开心。

期间吴成发先生说:杂木类比松柏类能更好地表现出岭南盆景的手法技艺。岭南盆景有底蕴,有内涵,具有走向世界的视觉语言上的优势。

Penjing China 盆景中国

这棵树的做法让外宾们深思

"生死恋",至死不渝的真情

这是一棵深受外宾喜爱的盆景

一盆创新风格的岭南山水盆景

这盆具有配饰的盆景也颇受外宾喜爱

休憩区摆放观花盆景又是一道视觉盛宴

从另一侧欣赏休憩区的美景

下面的配饰将其突显得更加高大

这棵树很是让人震撼

融入道教思想的"傲骨仙风"

香港盆景雅石学会秘书长李奕祺（左）与香港盆景雅石学会主席郑在权（右）的合影

吴成发先生与国外宾探讨盆景

Penjing China 盆景中国

"惊涛"

园内休憩区一景

临行前的晚上,吴先生为前来的中外嘉宾们举办了丰盛的晚宴,在晚宴上吴成发先生赠送了《吴成发盆景艺术》一书给大家。并以抽奖的方式赠送了中外嘉宾们世界最新潮流的电子产品的礼物,令晚宴的欢乐气氛高潮迭起。离开的时候,嘉宾们都说,这是一个令人难忘的中国风格的盆景园。

岭南盆景中根的艺术表现得淋漓尽致

配有人物配饰的附石盆景

瓦茨拉夫代表欧洲盆景协会向盆景作品"惊涛"授予欧洲盆景协会奖

广东省盆景协会副秘书长邓孔佳(左一)、中国盆景艺术家协会副会长胡世勋(左二)、中国盆景艺术家协会副秘书长吴敏(右一)与园主合影

喝茶品景之处

园主吴成发先生和中国盆景艺术家协会副秘书长蔡显华

趣怡园令嘉宾们眼花缭乱

Penjing China 盆景中国

园内一角

园内的风景

古盆收藏长廊

2012中国风之旅(2)

——2012中国盆景精品展（中山古镇）后广东周边中外嘉宾参观团访问系列

– The Series of Foreign Guests' Delegation Visited Guangdong Surrounding after 2012 China Penjing Exhibition (Guzhen Town of Zhongshan City)

真趣园篇
About Zhenqu Garden

访谈及图文整理: CP
Interviewer & Reorganizer: CP

真趣园合影

Penjing China 盆景中国

真趣园以其特有的真趣松而闻名全国,并集盆景、古董、奇石、根雕、书法于一园内,是园主黎德坚自2003年弃商后建造而成,国内鲜有。园主自与盆景结缘后,历经艰辛,不仅拯救了濒临灭绝的真趣罗汉松,在将其培育成精品的同时,还培育出了珍贵的新品种——真趣松1号、2号、3号,被业界称作"真趣松之父"。现今,黎德坚任中国盆景艺术家协会副会长、广东省盆景协会副会长、东莞市盆景协会会长,而且是东莞目前的第一位中国盆景艺术大师。

2012年10月1日,真趣园里张灯结彩、音乐声声,迎接来自捷克、韩国、日本、泰国、越南、中国台湾、香港等国家和地区及全国各地的2012中国盆景精品展(中山古镇)后组成的广东周边中外嘉宾参观团。真趣园门口挂起的红色欢迎横幅和具有中国特色的锣鼓阵仗让来自不同国家的大师和专家、盆景爱好者及媒体新闻工作者们为之一怔,而这也正体现了园主黎德坚的热情好客。

真趣园作为国内最大的罗汉松研究基地,在建造风格上将严谨的学风和现代园林的气息与盆景艺术融为一体。俯视真趣园可以看到一山一水三丘成中轴穿苑而过,犹如一条蛟龙,从山顶居高临下,盘旋穿梭。细细区分可以看出,真趣园是由三区一馆组成,即护栏环湖区、精品区、种植养护区和典藏馆。真趣园不仅设计讲究,园中的山水配置也十分考究,园中有园,景外有景,位于圆形拱门内的精品区更是将庭院、假山、莲花池与盆景设计融为一体,设计精巧别致,移步有景,让人流连忘返。而园中园外的湖水也与园内的假山巧妙地呼应,构成了一幅自然融恰的场景。

真趣园俯视图

沿着湖边望去,看到的是各色各样的盆景和奇石,它们以其独特的形态和造型勾勒出真趣园的趣味,谱写着盆景的篇章。园中的海岛罗汉松、九里香历经几百年,依然苍翠挺拔、韵味犹存,还继续在真趣园中谱写着盆景的故事,不得不说园主是下了很大的功夫来精心栽培的。真趣园中的盆景大都是经过园主严格选材考究,借鉴岭南盆景的制作手法,尊重大自然的生长环境,合理造型制作而成。它们不仅彰显了岭南盆景的艺术魅力,还体现出园主严谨的治学态度和对盆景艺术的独到领悟。

湖畔之景

湖水、盆景、奇石的错落配置

《中国盆景赏石》——购书征订专线：（010）58690358（Fax）

订阅者如何得到《中国盆景赏石》？

1. 填好订阅者登记表（见附赠的本页），把它寄到：北京朝阳区建外SOHO西区16号楼1615室 中国盆景艺术家协会秘书处订阅代办处，邮编100022。
2. 把书费（每年576元）和每年的挂号邮费（每年12本共76元）通过邮政汇款汇至协会秘书处订阅代办处，请注明收款人为中国盆景艺术家协会即可，不要写任何收款人人名（务必在邮寄订阅登记表时附上汇款回执单复印件，以免我们无法查询您的汇款）或通过银行转帐至协会银行账号（见下面）。
3. 然后打电话到北京中国盆景艺术家协会秘书处"购书登记处"口头核实办理一下订阅者的订单注册登记，电话是010-5869 0358 然后……你就可以等着每月邮递员把《中国盆景赏石》给你送上门喽。

中国盆景艺术家协会银行账号信息： 开户户名：中国盆景艺术家协会 开户银行：北京银行魏公村支行
账号：200120111017572

《中国盆景赏石》订阅登记表

姓名：_____ 性别：_____ 职位：_____

生日：_____年_____月_____日

公司名称：_____

收件地址：_____

联系电话：_____

手机：_____ 传真：_____

E-mail（最好是QQ）：_____

开具发票抬头名称：_____

汇款时请在书费外另外加上邮局挂号邮寄费：每本6.1元（由于平寄很容易丢失，我们建议你只选用挂号邮寄）。
书费如下：每本48元。

☐ 半年（六期）   ☐ 一年（十二期）
☐ 288元   ☐ 576元

您愿意参加下列哪种类型的活动：
☐ 展览 ☐ 学术活动 ☐ 盆景造型培训班 ☐ 国内旅游（会员活动） ☐ 读者俱乐部大会
☐ 国际 旅游（读者俱乐部活动）

成为中国盆景艺术家协会的会员，免费得到《中国盆景赏石》

告诉你一个得到《中国盆景赏石》的捷径——如果你是中国盆景艺术家第五届理事会的会员，每年我们都会赠送给您的。

成为会员的入会方法如下：

1. 填一个入会申请表（见本页）连同3张1寸证件照片，把它寄到：北京朝阳区建外SOHO西区16号楼1615室 中国盆景艺术家协会秘书处（请注明"入会申请"字样）邮编100022。
2. 把会费（会员的会费标准为：每年260元）和每年的挂号邮费（全年12本共76元）通过邮政汇款汇至协会秘书处，请注明收款人为中国盆景艺术家协会即可，不要写任何收款人人名（务必在邮寄入会申请资料时附上汇款回执单复印件，以免我们无法查询您的汇款）。
3. 然后打电话到北京中国盆景艺术家协会秘书处口头办理一下会员的注册登记：电话是010-5869 0358。

会费邮政汇款信息：
收款人：中国盆景艺术家协会
邮政地址：北京市朝阳区建外SOHO西区16号楼1615室 邮编：100022
（注：由于印刷出版周期长达30天以上的原因，首期《中国盆景赏石》将在收到会费的30天后寄出）

中国盆景艺术家协会会员申请入会登记表

证号（秘书处填写）：

姓名		性别		出生年月		照片（1寸照片）
民族		党派		文化程度		
工作单位及职务						
身份证号码			电话		手机	
通讯地址、邮编				电子邮件信箱（最好是QQ）		
社团及企业任职						
盆景艺术经历及创作成绩						
推荐人（签名盖章）						
理事会或秘书处备案意见（由秘书处填写）：						

年 月 日

备注：请将此表填好后，背面贴身份证复印件，连同3张1寸照片邮寄到北京市朝阳区建外SOHO 16号楼1615室 邮编100022。
电话/传真：010-58690358，E-mail: penjingchina@yahoo.com.cn。

Penjing China 盆景中国

路两侧的盆景和奇石也是错落有致

屹立于盆景中的奇石

> 真趣园中的盆景大都是经过园主严格选材考究,借鉴岭南盆景的制作手法,尊重大自然的生长环境,合理造型制作而成。

通往园中园的圆形拱门

圆形拱门前摆放的盆景

横空出世的大树

摇曳多姿的美

园中景与园外景招相呼应

盆中景，景中盆

它记载着流金岁月

妙趣横生的盆景

中国盆景艺术家协会副会长黎德坚讲话

中国盆景艺术家协会名誉会长、亚太盆栽联盟（ABFF）前理事长梁悦美讲话

中国盆景艺术家协会常务副会长李正银接受采访

日本春花园美术馆馆长小林国雄接受采访

泰国盆栽协会会长曾汉臣接受采访

欧洲盆栽协会副会长、捷克盆栽协会会长瓦茨拉夫·诺瓦克讲话

越南盆栽协会会长Honey讲话

Penjing China 盆景中国

座谈会现场

参观活动现场

参观活动现场

参观活动现场

参观活动现场

　　本次活动主要包括座谈交流会、自由参观活动和欢迎晚宴。座谈会在位于园中园精品区的典藏馆外举行，真趣园园主、中国盆景艺术家协会副会长黎德坚，中国盆景艺术家协会名誉会长、前亚太盆栽联盟（ABFF）理事长梁悦美，日本春花园美术馆馆长小林国雄，欧洲盆栽协会副会长、捷克盆栽协会会长瓦茨拉夫•诺瓦克（Vaclav•Novak），越南盆栽协会会长Honey在座谈会上发表讲话，并与各位来宾和盆景爱好者们进行了互动交流。期间，小林国雄的谈话更是赢得了大家的阵阵掌声。参观过程中，广东电视台还对园主黎德坚、中国盆景艺术家协会会长苏放中国盆景艺术家协会常务副会长李正银、日本春花园美术馆馆长小林国雄、泰国盆栽协会会长曾汉臣等多位嘉宾进行了独家专访。园主在护栏环湖区沿湖边精心安排的晚宴更是将这次活动推向了高潮。伴随着乐队的演奏，嘉宾们带头跳起了舞蹈，很快大家便形成了一个载歌载舞的壮大队伍。中秋、国庆佳节，与来自世界各国的盆景友人们赏月论树、载歌载舞，是园主带给大家的又一惊喜。

　　临行前，嘉宾们纷纷表示对园主黎德坚的感谢，称这是一次令人难忘的参观活动。真趣园真可谓是"真山真水真有趣"呀！

走向世界的中华瑰宝
Going To the World
— Chinese Art

文：黎德坚　Author：Li Dejian

作者简介

黎德坚，中国盆景艺术家协会副会长，广东省盆景协会副会长，广州市盆景协会副会长，东莞市盆景协会会长，东莞市花卉协会副会长。

今年国庆在广东中山市古镇镇举办的2012中国盆景精品展暨广东省盆景协会25周年会员盆景精品展，可以用高效、和谐、创新、公正、开放、大气六个词来概括，具体为：1.高效：本展是两展并一展，既发挥了"国协"的引领作用，又突出了"省协"的岭南优势，节约了成本，提高了效益。2.和谐：本次外省参展的主要是江浙、闽赣、云川、两广、琼、港等南方的省市地区，它们均处于北纬30°以下的南亚热带，从气候来看，秋后参展的盆景植物容易集结和护理，而北方的之所以不必参展，这与陕西安康于10月底举办第八届中国盆景展览是对应的。可见，全国一盘棋，总体布局科学、合理、和谐。3.创新：我国盆景展览，从未像这次将超、大、中、小、微各梯度规格的作品集中参展，以往多是60～150cm大中型作品，这次超大到平时难得一见的约20盆高度1.8～3m，其中还包括了不少价值千万的古木。入展的总共700件作品中，大则须吊装，小则可掌玩，而且按不同梯度设大、中、小三项评奖。超大作品的出现，告诉了盆景形态创作的极限，给人以无限的创作空间；而微型作品的亮相，不但说明小中有大的想象力，而且，小，易运行，把幅员辽阔的创作交流便捷到如袖珍集邮一般，这的确是令人遐思和振奋的。4.公正：公正是评选的生命，公正本来是国情的弱项，但本次七个评委，不但是从德高望重的专家中公选出来的，而且他们对每项作品的评奖打分均予亮相且张榜公示，充分以"三公"服众。所以评选结果公布后，无一人异议，反都是急于去观摩作品。5.开放、大气：苏放会长放弃国庆与家人团聚，亲自带队来粤主持展评和交流，组队的有韩国、菲律宾、越南、泰国、日本、捷克和中国台湾、香港等盆景协会领头人或专家。展区内可随时看到海内外盆景人士惜时如金的匆忙脚步和快语的交流切磋，场景令人感动。总之，我预感到本次"国、省"合办的盆景精展或许成为中国盆景事业中永被铭记的里程碑。

中国盆景的特点，简单地讲，就是"源于自然，师法自然，高于自然"，这和中国园林的"虽由人作，宛自天开"同出一辙，由此可以看出中国的盆景与中国园林出自同一民族文化，有着共同的发展脉络。中国幅员广阔的领土可划分出多种气候带和生态植被，从而造就出极其多样的环境和物种，也造就出风情万种的民生民俗和与之相应的文化。正是这些植物与文化，才构成了中国盆景的创作源泉。可以说，我们辽阔的祖国造就了相当多种的盆景流派，这些流派的并存，共同代表着中国盆景。

当然，文化又反过来作用于盆景创作。有趣的是，尽管中国占主流的儒家文化对盆景的影响是公认的，是无处不在的，但是在岭南文化影响下的岭南盆景，为中国盆景带来了一股新鲜的风，由此而形成了显著的两大流派，表现出两大风格，例如含蓄与直观，厚重与轻透，古朴与朝气，修饰与朴质等迥然不同的风格都是通过和北派的攀扎、岭南派的修剪这两种不同手法来实现的。

推广中国盆景的特色，首先是中国盆景人要会自觉地欣赏自己的盆景艺术，要明确中国盆景特别地讲究含蓄美、朦胧美和意境深，讲究以实景托虚景，虚实结合以及层次和景深，以达到"有限变无限，有界变无界"与"只可意会，不可言传"、"引人入胜，令人遐想"等艺术境界；其次盆景展览就是文化交流，可以在每件作品的挂牌上都包含有这些内容：植物名称（含英文名、拉丁名），作者与地点（含流派）、作品说明（含英文对照）；再者，展览期间不失时机地多召开一些国内外学术研讨会，邀请海内外盆景人士参会交流。更为重要的是，观摩点评、选优颁奖，也是推广中国盆景特色的有效而重要的活动。

中国盆景走向世界，可以推出代表性的派别来广为宣传。我认为中国各个流派都有独秀之处。中国盆景的不同风格或流派，主要是以树桩盆景来区分（因为树桩材料有明显的地理、地域差异以及由此出现的工艺与文化的差异）。我国最早在20世纪40年代末开始出现北派和岭南派之分，以后到了20世纪70年代，出现了岭、扬、苏、川、海共五派，而目前为止，再加上浙、徽、通、台四个流派的出现，现在业内较为统一地认为，我国盆景目前共分为岭南派扬派、苏派、川派、海派、浙派、徽派、通派、台派这9个流派。尽管有9个流派，但主要制作手法还是岭南派的修剪和北派的攀扎两种。由此我个人认为可以推出有代表性的派别广泛宣传：1.岭南盆景之所以可作为中国盆景的代表之一是它运用了独具一格的创作手法——截干蓄枝法，不管岭南盆景的哪种类型；大树型、双干型、悬崖型 木棉树型等，都是因树造型，以剪为主，用精养细剪的方法去改造天然的树桩的形态，使枝条形态优美，达到形神兼备和富有艺术的效果，而且与自然更加贴近；2.扬州派，始于唐朝，历史悠久，是中国盆景的一个典型代表。它的传统技法以扎为主，以剪为辅，对树桩自幼就加工整形，使树干曲折有致，树枝一寸三弯，宛如游龙，而基部用"疙瘩式"提根龙盘。其代表性的云片式可见枝片平展如云，冠顶浑圆，表现了严整庄重的风格；3.徽派和海派也是中国盆景的实力代表，安徽盆景寓意如形，以古朴奇特的游龙式梅桩为创作典型；海派盆景率先采用金属丝来粗扎细剪，作品成形容易，线条明快流畅。

民族之间、个体之间都有审美差异，差异是绝对的，没有差异是相对的。差异不但可以并存，而且有差异才有比较、有鉴别、有提高。例如1989年在中国武汉盆景艺术评比展览会上，美国哈佛大学阿诺得植物园的研究员垂迪斯·彼得，在整个大会期间，几乎仔仔细细地看了每件展品，并对作品"劫后余生"、"风在吼"，盆景缩龙成寸、一寸三弯的手法等都非常感兴趣。他很欣赏中国的盆景，甚至专门著书宣讲中国盆景，并且采用"盆景"而不是"盆栽"的名称，这显然是尊重事实，即认为盆景创始国是中国而非日本。但他也流露了自己的不同观点，就是不主张对植物过度的整形和扭曲，认为这是不尊重生命和违背大自然的。这种观念差异就很值得相互交流。

2013年即将在中国举办的盆景展览会将使国内各省市、各地区、各盆景流派，在盆景艺术、理论、技艺、资材等诸多方面得到交流和提高以至上一个台阶，也使盆景商品的内流通加大。更重要的是，一年春秋两季中如此大规模的三个国际盆景展览会，肯定会促进中国更多的城市和地区打开盆景出口之门。而以往的出口大户，如杭州、广州赤坭等则会大幅度提高订单，大大突破目前全国约3亿美元的盆景年出口总值，并重点拉动华东、华南地区的经济，促进和激活金融、投资、种植业、文化艺术等方面的提高。

可以预见，在2012中国盆景精品展暨广东省盆景协会25周年会员盆景精品展的良好开端下，2013年的三个国际盆景展览大会将是中国盆景史上的一个重要节点，将成为中国国内经济跳跃的一个有力推手。

2012年中国盆景精品展(中山古镇)评比计分表
Assessment Scoring Form of 2012 China Penjing Exhibition (Guzhen Town of Zhongshan City)

进场编号	评比编号	参展者	协会名称	作品题名	树种	奖项	得分	名次	谢克英	徐昊	芮新华	刘传刚	樊顺利	徐伟华	王礼宾	总分	去掉最高分	去掉最低分	有效总分
3	29	张新华	痴友会	风霜雪雨铸松魂	黑松	年度大奖	95	1	95	96	95	89	95	98	94	662	98	89	475
126	159	香港趣怡园	香港盆景雅石学会	回眸一笑满园春	三角梅	理事长奖	90.2	2	96	86	90	88	91	98	78	627	98	78	451
10	103	萧庚武	中山盆协	公孙乐	雀梅	金奖	90	3	92	91	90	91	91	76	87	618	92	76	450
124	158	吴成发	香港盆景雅石学会	金风玉露一相逢	雀梅	金奖	88.6	4	93	83	85	91	90	84	93	619	93	83	443
177	31	王景林	古镇	古木雄风	朴树	金奖	87.2	5	93	80	92	83	90	72	91	601	93	72	436
127	165	香港趣怡园	香港盆景雅石学会	云重枝垂繁作荫	三角梅	金奖	87.2	5	94	76	85	96	95	76	86	608	96	76	436
125	170	香港趣怡园	香港盆景雅石学会	神仙舞曲	雀梅	金奖	87	7	95	90	85	91	91	74	78	604	95	74	435
2	25	韩学年	痴友会	生存	榕	金奖	83.8	8	93	85	90	92	73	63	79	575	93	63	419
74	32	吴国庆	福建盆协	铁骨天籁	榕树	金奖	83.6	9	85	90	80	78	91	72	85	581	91	72	418
12	115	何悼光	顺德盆协		山松	金奖	83.6	9	82	86	80	83	87	97	69	584	97	69	418
26	140	彭盛材	容桂盆协	春意盎然	博兰	金奖	83.6	9	94	70	74	91	86	76	91	582	94	70	418
88	65	沈水泉	浙江盆景协会	松风明月	五针松	金奖	83.6	9	84	70	80	91	93	59	96	573	96	59	418
90	53	沈水泉	浙江盆景协会	荒岛幽林	五针松	银奖	83.2	13	95	92	74	85	90	65	75	576	95	65	416
99	61	卢和平	浙江盆景协会		五针松	银奖	82.2	14	84	91	90	83	86	68	58	560	91	58	411
122	156	吴成发	香港盆景雅石学会	灯火满万家众艺争红艳	万年荫	银奖	82.2	14	82	85	65	80	85	79	90	566	90	65	411
183	26	彭盛材	容桂盆协	谦谦君子	山松	银奖	81.4	16	69	95	95	75	75	72	90	571	95	69	407
16	124	何伟源	乐从盆协	傲骨飘香	九里香	银奖	81.2	17	87	90	59	65	90	74	91	556	91	59	406

进场编号	评比编号	参展者	协会名称	作品题名	树种	奖项	得分	名次	谢克英	徐昊	芮新华	刘传刚	樊顺利	徐伟华	王礼宾	总分	去掉最高分	去掉最低分	有效总分
7	79	黄泽明	黄圃镇盆景协会	漓江春水	九里香	银奖	81	18	83	80	70	80	83	90	79	565	90	70	405
46	98	罗传忠	广西盆景艺术家协会	柔情似水	三角梅	银奖	80.6	19	92	85	70	86	87	75	65	560	92	65	403
33	133	陈应权	广东省盆景协会	来自高山	山松	银奖	80	20	87	70	90	70	83	59	95	554	95	59	400
23	27	曾安昌	痴友会	曲韵灵魂	附石榆	银奖	79.2	21	94	90	75	85	70	59	76	549	94	59	396
55	49	马咨进	广西盆景艺术家协会	天高云淡	珍珠罗汉松	银奖	79.2	21	93	57	71	91	73	94	68	547	94	57	396
176	110	袁松华	古镇	共唱和谐	九里香	银奖	78.4	23	85	78	90	76	90	63	56	538	90	56	392
34	134	陈有浩	汕头市盆景协会	绿茵如画映风骨	赤楠	银奖	77.2	24	92	61	74	76	80	87	69	539	92	61	386
53	92	谭大明	广西盆景艺术家协会	把酒欢歌	朴树	银奖	76.6	25	84	70	70	91	85	74	59	533	91	59	383
9	102	徐闽	中山盆协	俏在新雨时	红果	银奖	76.4	26	86	58	70	70	90	76	80	530	90	58	382
180	101	郑大兴	湛江盆景协	昂首天外	三角梅	银奖	76.2	27	85	78	68	80	80	74	69	534	85	68	381
11	77	张华江	中山盆协	霓裳紫带志凌云	紫薇	银奖	75.2	28	86	61	70	93	82	77	59	528	93	59	376
24	111	吴垂昌	小榄镇盆景协会	盛世苍榕	细叶榕	银奖	75	29	82	58	80	80	83	74	59	516	83	58	375
84	3	柯成昆	福建盆协		榕树	银奖	74	30	83	75	65	70	73	69	91	526	91	65	370
151	34	张永庆	南京职工盆景协会	海岛渔歌	九龙壁（水石）	银奖	74	30	80	57	96	79	73	63	75	523	96	57	370
69	40	刘波	福建盆协	凤凰朝阳	榕树	银奖	74	30	83	68	70	60	76	73	93	523	93	60	370
164	171	鄢久长	四川省盆景艺术家协会	翠叶藏金映碧波	金弹子龟纹石水旱盆景	银奖	73.8	33	82	67	85	70	58	72	78	512	85	58	369
92	63	沈水泉	浙江盆景协会	春晓松影	五针松	银奖	73.6	34	83	85	65	82	73	61	65	514	85	61	368
39	150	陈壁坤	潮州盆协	揽月	九里香	铜奖	73.4	35	83	65	85	59	83	68	68	511	85	59	367

2012年中国盆景精品展（中山古镇）评比计分表（续）
Assessment Scoring Form of 2012 China Penjing Exhibition (Guzhen Town of Zhongshan City)

进场编号	评比编号	参展者	协会名称	作品题名	树种	奖项	得分	名次	谢克英	徐昊	芮新华	刘传刚	樊顺利	徐伟华	王礼宾	总分	去掉最高分	去掉最低分	有效总分
89	58	沈水泉	浙江盆景协会	云栖碧峰	大板松	铜奖	73.2	36	85	70	65	76	70	59	91	516	91	59	366
123	161	吴成发	香港盆景雅石学会	知音	九里香	铜奖	72.8	37	83	91	60	80	73	68	57	512	91	57	364
44	89	李正银	广西盆景艺术家协会	虎踞龙盘	雀梅	铜奖	72	38	93	69	65	72	80	74	59	512	93	59	360
25	119	梁振华	容桂盆协	云海苍龙	三角梅	铜奖	72	38	82	68	59	82	73	69	68	501	82	59	360
129	104	香港趣怡园	香港盆景雅石学会	风骨铮铮	博兰	铜奖	71.8	40	85	68	58	86	90	61	59	507	90	58	359
100	64	缪建宗	浙江盆景协会	一柱擎天	桧柏	铜奖	71.6	41	63	78	89	72	86	59	59	506	89	59	358
148	45	王拯	南京职工盆景协会	群峰竞秀	龙骨石（水石）	铜奖	70.6	42	80	58	85	80	76	58	59	496	85	58	353
4	164	陈万均	江海区龙木盆景协会	史家绝唱	小叶榆	铜奖	70.6	42	80	58	80	72	69	68	64	491	80	58	353
107	105	朱林辉	海南省盆景协会	林荫叠翠	香楠	铜奖	70.4	44	85	70	59	91	70	68	57	500	91	57	352
133	174	香港盆景雅石学会	香港盆景雅石学会	惊涛	三角梅	铜奖	70.4	44	83	66	65	85	70	59	68	496	85	59	352
75	51	吴国庆	福建盆协	劲骨凌风	榕树	铜奖	70.2	46	68	78	59	78	58	68	79	488	79	58	351
108	33	朱林辉	海南省盆景协会	古博英姿	博兰	铜奖	70	47	60	58	75	86	73	63	79	494	86	58	350
1	28	罗汉生	痴友会	南国风姿	博兰	铜奖	69.6	48	70	78	59	83	73	59	68	490	83	59	348
76	78	吴明选	福建盆协	祥云	黑松	铜奖	69.6	48	69	68	70	78	73	59	68	485	78	59	348
40	125	李正银	广西盆景艺术家协会	神采飞扬	贵妃罗汉松	铜奖	69.6	48	86	59	59	82	73	75	56	490	86	56	348
45	95	王明义	广西盆景艺术家协会	树盛千秋	雀梅	铜奖	68.3	51	70	58	80	62	83	74	57	484	83	57	344
43	46	李正银	广西盆景艺术家协会	古木雄风		铜奖	68.6	52	83	58	68	75	58	66	76	484	83	58	343

进场编号	评比编号	参展者	协会名称	作品题名	树种	奖项	得分	名次	谢克英	徐昊	芮新华	刘传刚	樊顺利	徐伟华	王礼宾	总分	去掉最高分	去掉最低分	有效总分
71	118	邱瑞光	福建盆协	雄风飘逸	小叶赤楠	铜奖	68.6	52	84	66	59	80	58	59	79	485	84	58	343
179	169	陈光明	廉江	傲骨铮势	榕树	铜奖	68.6	52	63	80	59	95	72	69	59	497	95	59	343
118	56	林春荫	徐闻县盆景协会	博兰		铜奖	68.4	55	66	68	58	76	73	66	69	476	76	58	342
42	93	李正银	广西盆景艺术家协会	珠江双娇		铜奖	68.4	55	84	58	68	86	58	74	57	485	86	57	342
65	144	罗小冬	广州盆景协会	合作无间	九里香	铜奖	68.4	55	80	71	58	68	88	65	58	488	88	58	342
41	76	李正银	广西盆景艺术家协会	回头望月		铜奖	67.8	58	85	62	59	82	58	78	58	482	85	58	339
30	117	王景林	东莞市盆景协会	满堂吉庆	棠梨	铜奖	67.8	58	70	90	58	70	82	59	57	486	90	57	339
104	173	王金荣	清远协会	蓄势待发	杜鹃	铜奖	67.8	58	85	62	59	78	59	75	65	483	85	59	339
131	167	香港盆景雅石学会	香港盆景雅石学会	风韵奇古	对节白蜡	铜奖	67.4	61	83	68	65	76	59	69	59	479	83	59	337
106	44	林文	海南省盆景协会	翠绿九洲	博兰	铜奖	66.8	62	83	59	59	88	70	59	63	481	88	59	334
103	163	蔡显华	艺术家协会绿博园俱乐部	紫霞邀月	勒杜鹃	铜奖	66.8	62	82	77	59	70	59	59	69	475	82	59	334
149	12	王逐	南京职工盆景协会	松韵	黑松	铜奖	66.4	64	65	59	88	58	70	59	79	478	88	58	332
110	54	朱林辉	海南省盆景协会	珊瑚颂歌	博兰	铜奖	66.4	64	68	56	59	73	73	59	76	464	76	56	332
13	123	欧阳国耀	顺德盆协		黑松	铜奖	66	66	68	90	70	63	70	59	58	478	90	58	330
68	116	叶湛华	广州盆景协会	缘	山橘	铜奖	65.6	67	80	58	58	73	73	59	65	466	80	58	328
79	5	厦门市集美区园林市政工程公司	福建盆协	雄风伟岸	榕树	铜奖	65.2	68	78	65	59	60	58	65	77	462	78	58	326

2012年中国盆景精品展（中山古镇）小型评比计分表
Mini Penjing'Assessment Scoring Form of 2012 China Penjing Exhibition (Guzhen Town of Zhongshan City)

进场编号	评比编号	参展者	协会名称	作品题名	树种	奖项	得分	名次	谢克英	徐昊	芮新华	刘传刚	樊顺利	徐伟华	王礼宾	总分	去掉最高分	去掉最低分	有效总分
87	75	黄就伟	广州盆景协会	俯瞰春秋	山橘	金奖	93.4	1	95	92	92	91	96	93	95	654	96	91	467
84	93	谢荣耀	广州盆景协会	横林待鹤归	雀梅	金奖	87.4	2	92	92	90	81	96	59	82	592	96	59	437
38	92	曾安昌	容桂代报	松风翠影	黑松	金奖	86.2	3	95	93	88	85	70	68	95	594	95	68	431
100	121	黄就成	香港岭南盆景艺术学会	一生一世	雀梅	金奖	82.8	4	83	68	92	91	81	60	91	566	92	60	414
12	15	萧辉华	大良		山甲木	金奖	81.2	5	92	92	80	69	86	73	75	567	92	69	406
98	40	黄就成	香港岭南盆景艺术学会	水乡情	雀梅	金奖	81.2	5	93	59	85	90	91	60	80	558	93	59	406
91	117	黄就伟	广州盆景协会	盆小天地大	雀梅	金奖	81.2	5	69	67	92	82	90	73	93	566	93	67	406
44	31	袁效标	茶山盆景协会	南粤春色	雀梅	金奖	80.6	8	93	85	80	80	95	60	65	558	95	60	403
108	77	王金荣	清远协会		水横枝	银奖	79.6	9	82	90	85	70	87	74	62	550	90	62	398
11	80	张新华	岭南痴友会		附石杜鹃	银奖	79.2	10	83	76	85	78	71	74	92	559	92	71	396
75	49	梁有来	东莞大岭山		雀梅	银奖	78.6	11	82	59	80	91	91	60	80	543	91	59	393
41	2	梁干枝	容桂盆协	粤韵风华	山桔	银奖	77.8	12	78	70	90	85	86	70	63	542	90	63	389
101	47	黄就成	香港岭南盆景艺术学会	南柯一梦	榆树	银奖	77.4	13	69	80	85	91	91	58	62	536	91	58	387
24	56	廖振明	中山		九里香	银奖	76.8	14	83	68	92	80	86	62	67	538	92	62	384
82	96	马建赞	花都盆景协会	暮山凝碧	铁包金	银奖	75.8	15	93	59	85	81	86	59	68	531	93	59	379
20	36	陈桥东	大良代报（大岗）		山甲木	银奖	75.4	16	83	76	80	65	90	72	66	532	90	65	377
59	72	张建忠	佛山园林学会		山松	银奖	75.2	17	82	76	95	85	59	74	56	527	95	56	376
99	55	黄就成	香港岭南盆景艺术学会	龙腾	两面针	银奖	74.8	18	85	56	65	82	86	60	82	516	86	56	374
7	97	韩록年	岭南痴友会	和谐	铁包金	银奖	74.6	19	69	93	85	70	57	57	92	523	93	57	373
43	28	袁效标	茶山盆景协会		雀梅附石	银奖	73.8	20	85	68	85	80	71	59	65	513	85	59	369
112	76	甘瑞春	江门盆景协会	敬亭山	福建茶	银奖	73.4	21	68	85	58	86	70	94	56	517	94	56	367
107	107	郑承泰	清远协会		雀梅	银奖	73.4	21	83	80	65	73	70	62	79	512	83	62	367
28	5	麦永强	乐从盆协	小巧玲珑	山橘	银奖	73	23	70	75	90	59	87	68	65	514	90	59	365

进场编号	评比编号	参展者	协会名称	作品题名	树种	奖项	得分	名次	谢克英	徐昊	芮新华	刘传刚	樊顺利	徐伟华	王礼宾	总分	去掉最高分	去掉最低分	有效总分
73	110	梁有来	东莞大岭山		雀梅	银奖	72.2	24	85	70	69	73	70	59	79	505	85	59	361
76	52	梁有来	东莞大岭山		雀梅	银奖	72	25	82	65	80	73	82	60	57	499	82	57	360
80	74	陈志就	佛山盆协		山甲木	铜奖	71	26	68	78	65	70	86	74	59	500	86	59	355
68	99	陈冠平	佛山园林学会		黑松	铜奖	71	26	94	85	65	86	57	60	59	506	94	57	355
85	69	黄就伟	广州盆景协会	临渊羡鱼	博兰	铜奖	68	28	82	58	65	90	59	59	75	488	90	58	340
109	35	陈习之	深圳市风景园林协会盆景赏石分会	江山多娇	微型山水盆景	铜奖	67.8	29	82	57	65	70	70	72	62	478	82	57	339
14	12	何庆昌	大良		山甲木	铜奖	67.2	30	68	69	90	58	59	62	78	484	90	58	336
66	16	庞满晌	佛山园林学会		山格木	铜奖	67.2	30	82	58	59	65	70	60	85	479	85	58	336
21	17	罗培信	大良代报（大岗）		山甲木	铜奖	66.8	32	83	59	65	59	71	72	67	476	83	59	334
106	108	温雪明	容桂		杂树微型	铜奖	66.8	32	68	68	59	85	71	68	55	474	85	55	334
94	120	黄就明	广州盆景协会	岁月流芳	榆树	铜奖	66.8	32	69	57	65	80	80	57	63	471	80	57	334
49	105	黄江华	中山盆协		山橘	铜奖	66.6	35	69	93	59	78	59	62	65	485	93	59	333
114	102	甘瑞春	江门盆景协会		福建茶	铜奖	66.4	36	63	65	90	71	70	58	63	480	90	58	332
39	106	黄生贤	容桂盆协	里香寻月	九里香	铜奖	66.2	37	83	59	59	70	71	68	63	473	83	59	331
56	6	黎德坚	东莞市盆景协会		山橘	铜奖	65.8	38	60	80	80	65	59	65	58	467	80	58	329
65	62	陈其	佛山园林学会	侠骨柔情	山橘	铜奖	65.8	38	69	85	62	66	70	61	62	475	85	61	329
95	118	黄就成	广州盆景协会		雀梅	铜奖	65.4	40	67	57	80	70	70	58	62	464	80	57	327
62	38	黄远颖	佛山园林学会		黑松	铜奖	65.2	41	92	57	59	59	59	72	77	475	92	57	326
97	91	黄就成	香港岭南盆景艺术学会	喜相逢	5盆组合	铜奖	65.2	41	63	69	65	70	72	59	59	457	72	59	326
67	60	张建忠	佛山园林学会		九里香	铜奖	65	43	60	67	68	58	70	60	75	458	75	58	325
77	48	梁有来	东莞大岭山		雀梅	铜奖	64.6	44	67	69	59	85	70	58	58	466	85	58	323
55	25	刘炽尧	东莞市盆景协会	雀跃欢呼	雀梅	铜奖	64.4	45	80	66	59	66	71	60	56	458	80	56	322
105	79	傅仁棠·伍美配	香港岭南盆景艺术学会	缘	5盆组合	铜奖	63.8	46	62	56	59	70	71	73	57	448	73	56	319
29	20	梁耀光	乐从盆协		附石榆	铜奖	63.6	47	63	68	57	78	70	60	56	452	78	56	318
19	13	梁志明	大良代报（大岗）		山甲木	铜奖	63.4	48	65	68	56	59	78	60	65	451	78	56	317
104	32	黄就成	香港岭南盆景艺术学会	蛟龙探深海	澳洲红果	铜奖	63.4	48	69	56	75	59	70	60	59	448	75	56	317
71	81	刘涛文	东莞大岭山		杂树微型	铜奖	63.4	48	69	89	59	68	59	55	62	461	89	55	317

侧柏改作
Adaptation of *Platycladus orientalis*

原树桩系崖柏素材，经大自然风吹雨打已形成了错综复杂、富于变化的形体。此次制作主要在于将杂乱的地方进行梳理和对枝条进行布局定位。

制作 / 撰文：王华峰　　Processor/Author: Wang Huafeng

作者简介

王华峰，安徽合肥市人，1981年生。中国盆景艺术家协会理事，中国盆景艺术家协会高级技师，安徽省盆景艺术大师，安徽省合肥市王氏盆景园园主。2001年师从樊顺利先生学艺至今，其作品曾获得国家级银奖，并多次获得省级金奖、银奖和铜奖。

此是一山采侧柏，已盆养多年，为改良叶性，嫁接台湾真柏已三年有余。枝条放养到位，长势健康旺盛！原树桩系崖柏素材，经大自然风吹雨打已形成了错综复杂、富于变化的形体。此次制作主要在于将杂乱的地方进行梳理和对枝条进行布局定位。

1. 制作前原树桩的正面。

2. 正面的根部特写。

Studio 工作室

3. 制作前原树桩的背面。

4. 所指之处为舍利需要重点表现处之一。

5. 舍利需要重点表现处之二。

6. 用螺丝刀去除多余、臃肿的部分。

7. 此死枝已压住生命水线。

8. 为防止水线退掉，必须将此枝去掉。

9. 用气动工具进行雕刻。

10. 局部细丝用勾拉刀处理。

11. 断头的收尾工作，用气动锯刀处理，断头要自然协调，减少人工痕迹。

12. 舍利处理结束的局部特写，板化的舍利是此树的一大特点。

13. 对枝条进行蟠扎调整，大的枝条拿弯需要用布条进行保护。

14. 制作结束后的背面效果。

15. 制作结束后的正面效果。树相浑然大气，变化多样的舍利和旋转的生命水线交相辉映。右面的大飘枝和左面的舍利互相呼应！把大自然中饱经风霜的古柏顽强不屈的精神体现得淋漓尽致。

"写意"盆景注重"传神写照"。它不去刻意追求表象的"形似",而是努力体现出内在精神的"神似",以达到在"似与不似"之间的"神似"中独立作为最高目标。

浅议"写意"盆景
The "Impressionistic" Penjing

文：邵武峰 Author: Shao Wufeng

盆景艺术在漫长的发展过程中,绘画艺术的融入所起的作用是毋庸置疑的,它的成熟早于盆景艺术,其美学理论也非常丰富和完备,尤其是"写意"思想,而这对盆景艺术的影响更是不容忽视的。这两种不同的艺术有着同源于中国人文母体的同质基因。从文化视角看,盆景艺术的进化、发展,离不开传统儒、释、道文化及诗、书、画艺术的滋养;若以艺术的角度审视,盆景是变换了创作材料的另一种绘画。

"写意"是中国绘画艺术的特殊用语,是意象艺术里一道常鲜常新的命题。可以说它是一种表现形式,也可以说它是一种风格,一种精神理念。它是以丰富的传统文化内涵为本质,在现实中表现出的各种形态都具有深邃的意境。"写意"盆景只是其中之一。

"写意"盆景是指盆景作品所体现出的融创作技法、自然灵性(树种的文化内涵)和人文精神为一体,将作者的主观情思作为主要表现内容,强调作者对作品寄托的"感于心,而发于外"的意趣及"不在乎迹,在乎意"的自由状态。它吸取了写意画的表现方法重视对客观物象的表现与"写意";注意作品内在精神气质的传达以及作者个人意识和技巧对作品的倾注及主观情意的抒发。

"写意"盆景注重"传神写照"。它不去刻意追求表象的"形似",而是努力体现出内在精神的"神似",以达到在"似与不似"之间的"神似"中独立作为最高目标。这一目标所表现出的是一种非常自由、灵活的、可以穿越时空"与天地精神往来"的意态,追求精神的超越与诗的灵性的境界交融。此契合于中国传统美学内涵沉静、深邃、抒情的精神境界。

"写意"盆景主要是在"神形兼备"或"以形写神"上下功夫。"形"与"神"的表现通过客观物象的表象捕捉其内在精神。这是指盆景创作时作者对作品要兼顾"形"与"神",尤其重视意境的传神作用,而轻视对"形似"的单纯追求,"写意"的成分加强,强调"意"在创作过程中的主导作用。岭南盆景创派宗师孔泰初,在对自然物象"形似"再现的实践,积累已成熟,在捕捉客观物象的"形似"和"神似"兼备已无技术上的障碍之后,才将写意画"传情达意"抒写心境的审美追求赋予了新的艺术形式,从而开创了中国盆景一个新的艺术时代。

以精简的枝、干刻画出作品之神韵,不以形胜工精见长,这种开放、自由的创作本质,以感情、个性作为突出的重点。从"写意"盆景开创之初就已经把这种感情和个性化成了既定的模式。以枝、干来塑造体形,刻画形象,营造空间,表现气势,枝、干是开掘意境最基本的元素,是作者的意识经过提炼、概括、升华之后,体现出的物化了的主观艺术形态。在这方面,素仁和尚的作品是最具代表性的,受宋元以来盛兴的文人写意画的启发,作品枝、干表现的清雅、简洁,将佛理禅意的明净绝尘、五蕴皆空的超脱思想和"无所住而生清静心"这种明静心智,通过作品作了完美诠释。作品表现出的那份玄远灵明、湛然幽寂、充满佛禅哲理的精神和精简到极致的表象,令人叹为观止。中国文化的根本特质是

The "Impressionistic" Penjing

将复杂的事物简单化，追求"天人合一"，讲究"万变不离其宗"等一元化特质。"写意"盆景是在既定的模式中发挥最大的创作自由，达到最高艺术境界。

"写意"盆景在其自身的演变中，结构与形态经历着不断的调整、完善。在基因的稳定不变中，外部表象与语言表达方式则呈现出丰富的多样性，并迅速得到普及、发展，成为中国盆景的主要风格。在这过程中，形成了形式化的结构和程式化的创作方法。不同形式的作品，像水旱、动势等以及各派的作品其结构都有各自不同的形式特征；创作技法和一些特殊的表现方式也都形成了固有的程式；还有些约定俗成的象征性符号和规律。这就和追求自由抒发的创作精神不可相提并论，加之受"逸笔草草，不求形似"的"写意"精神影响，这看似普通的"写意"盆景，却给缺乏传统文化素养的作者设置了一道不可逾越的鸿沟。出现了一些作者的创作有一种招之即来，随手即成的游戏性，将这一高等艺术庸俗化。像曾经以创新的名誉出现的"奔"式，"击"式和"瀑"式等作品，作为个人的性情抒发，性情所至的自得其乐是无可厚非的，但列入创新行列就欠妥了。"写意"盆景虽然是流露心意、宣泄感情的艺术，但不是任意挥洒、随意为之的游戏；它可以随心所欲，但不能没有规矩，"写意"盆景的创作是以传统文化为法度，抒发情感必须是在法度内的自由发挥。

"写意"盆景在中国各流派的表现风格虽然不同，但在客观物象和意境的表达上，都要求具备完美、统一的意象。这是源于中华民族悠久的文化传统和丰富的美学思想，其遗传基因决定了它的艺术特征。

从根本上讲，写意画与盆景一样，都具有"神形兼备"、"以形写神"、"传神写照"这种意象性的特征，二者共同传承同一种文化，各自繁衍着同一种血缘关系的两种艺术，其本质都重视物象内在精神和主观情感的表现。盆景艺术将诗情画意融入自然灵性中，追求"神形兼备"和精神的超越与诗一般的灵性的境界交融。正是这样根植于民族文化丰厚土壤中的精神追求，形成了独具特色的"写意"盆景艺术和别具其意的审美思想。

在今天这种多元化、全球化的语境下，盆景艺术如何继承本民族的文化遗产；在引进、消化、吸收外来先进技术、方法、新艺术理念的同时，保持优秀的传统文化基因，无愧于盆景艺术宗祖国的实质地位，是摆在我们这个时代面前的重大课题。在这种情况下，以历史的眼光重新审视近代中国盆景艺术取得的成就；以现实的角度测评我们整体的盆景艺术水平、意识、理念及艺术环境同世界先进国家的差距，确认自己的文化身份、艺术特色、水平现状及意识、理念；对探寻当代中国盆景艺术的创新、发展之路，谋求"创新当随时代"的自我超越；弘扬民族文化的优良传统，改善艺术环境，提高盆景艺术的社会地位，有着十分重要的现实意义。

> "写意"盆景主要是在"神形兼备"或"以形写神"上下功夫。"形"与"神"的表现通过客观物象的表象捕捉其内在精神。这是指盆景创作时作者对作品要兼顾"形"与"神"，尤其重视意境的传神作用，而轻视对"形似"的单纯追求；写意的成分加强，强调"意"在创作过程中的主导作用。

盆景素材的培育（五）
——《盆景总论》（连载七）

Penjing Materials Nurture
——Pandect of Penjing

培育好的盆景素材，首先要掌握什么是好的盆景素材。也就是说，必须要掌握盆景的美、构成要素、植物的生长原理等要素，方可培育出好的盆景素材。

文：【韩国】金世元 Author: [Korea] Kim Saewon

5. 盆栽素材的培育

【1】 种子和发芽

① 种子的成熟和发芽力：从外观上看种子已发育完全，似乎已达到成熟；但是，如果胚芽（embryo）未完全发育就不会发芽。也就是说，种子的外观成熟时间和胚芽的成熟时间不一定完全一致。

例如，赏果盆栽的果实在采摘时虽未达到未成熟状态，但过一段时间后自然会后熟（after-ripening）。

后熟的种子采摘后不放置一段时间，即使已经具备所有发芽条件，有时候也不会发芽。这种现象被称之为休眠（dormancy）。

有些种子的种皮较为坚硬，外部的水分无法渗透到种子内部，不能让种子自然发芽，这类种子被称之为硬粒种子（hard seed）。

种子不能发芽的原因如下：
(a) 胚芽未成熟；
(b) 胚芽的成长所需的储藏物质在胚芽的组织内未达到成熟；
(c) 发芽抑制物质过剩；
(d) 种子表皮内含有的脂肪成分阻碍外部的水分渗透到种子内部。

② 种子的含水量和发芽 通常海松、松树、落叶松、扁柏、日本柳杉等针叶树的种子，即使干燥其发芽率也会很高；相反，山茶树、七叶树、栗树、细叶青栎、核桃树、南天竹、八角金盘、青木、银杏、罗汉松等阔叶树和部分针叶树的种子，一旦干燥其发芽率会急剧下降。

大部分喜阴植物都不喜欢干燥，此类植物要在采集当日播种或者放入塑料袋内喷雾后密封保管。

③ 种子的储藏温度和发芽：需要长时间储藏种子时，需在1℃~5℃的低温条件下储藏，才能维持正常的发芽力，而且有利于种子的后熟。

以圆赤水青冈、马家木、臭冷杉、棠梨等树种为例，其生长地的标高越高，休眠种子（dormant seeds）的数量也会增加。因此，此类树木的种子和蔷薇科、松树科的种子低温储藏效果会更加出众。

低温储藏有利于发芽的理由如下：
(a) 增加种子的氢离子浓度；
(b) 脂肪的分解；
(c) 氨基酸的分解；
(d) 糖分的增加；
(e) 酶素类的作用；
(f) 生长物质出现等。

④ 浆果类树木的种子和发芽：苹果、梨、木瓜等蔷薇科和日本女贞、冬青叶桂花等木犀科均属于浆果类树木，其果肉内含有抑制发芽的物质，如果不清洗干净果肉，就会影响发芽。

⑤ 休眠种子和发芽：枫树科、卫矛科、金缕梅科、山茱萸科树木在播种当年不会发芽，在大多数情况下，约过3年后再发芽；这是因为，在自然状态下种子的休眠时间各自有所差异。通过低温储藏可以打破休眠种子的休眠状态；如果不采取低温储藏，则通过物理方法，即利用砂纸或者沙粒摩擦种子表面，在种子的表皮留下肉眼看不到的伤

Conservation and Management 养护与管理

图1 圆赤水青冈在低温湿层储藏后播种发芽的状态

痕后再进行播种;上述方法被称之为伤法（scarification）。

另外，还可以选择利用化学药品腐蚀或者伤及种皮的化学伤法（chemical scarification）；但考虑到操作上的安全性，近来大多选用物理方法。

⑥ 低温湿层储藏和发芽：将24小时浸水处理的种子均匀地放在湿度达2～3倍的河沙或者地衣上；然后在1℃～5℃条件下进行储藏，可有助于播种后的发芽。

圆赤水青冈、鹅耳枥、桑树、榉树、榔榆、苹果树、枫树和其他大多数阔叶树和部分针叶树，也适合上述处理方法。

但上述处理方法对喜光植物则没有多少实际效果。

⑦ 光线和发芽：虽然大多数种子对光线不太敏感，但海松、落叶松、白桦、海滨桤木等树木的种子则属于喜光性种子（light sensitive seed），只有在光线充足的条件下才能发芽。此类种子可储藏在光线好的场所，播种时则在种子上撒上薄薄的一层土，确保阳光充分照射到种子。

正如前面所述，虽然对发芽和环境条件进行了大致说明，不同的树种其种子的发芽条件会有所差异;因此，必须事先掌握种子的特性，采取适当的播种方式，才能提高种子的发芽率。

播种时要留意以下几点：

(a) 采集后尽快播种；

(b) 浆果类要清洗干净果肉；

(c) 种子不能干燥,需保存在5℃左右的温度条件。

【2】种子的采集

① 母树的选定

采集种子时，首先要选好母树，才能获得好的苗木。

(a) 叶性良好的树木，其叶子能很好地体现该树种的个性，而且在外观上具备小而坚实的特点。

(b) 树皮的性质良好的树木，要具备荒皮性、坚实等特点。

(c) 树枝侧向伸展，细枝较多的树木。

(d) 与绿色树梢、绿色树枝的树木相比，红色树梢、红色树枝的树木，其细枝的生长数量较多，而且可以更加细腻地塑造形状（榉树、枫树、松树等）。

重要的是，将作为盆栽素材、具备最佳性质的树木选定为母树。

② 种子的挑选：应选择颗粒大、形态良好的种子。颗粒大的种子，其胚乳部较大，营养较为充足，不但易于种子的发芽，而且发芽后的生长情况也会非常良好。

即使是相同的母树，从肥硕的果实中采集的种子，不但充实，而且形状也良好。

③ 采集的时机：如果过早采集，种子不够充实；因此，待果实达到成熟期，其颜色变成该树种特有的成熟颜色后，再采集种子。如果采集种子的时机过晚，果实掉落在地上被鸟类或者其他动物当食物吃掉，无法采集到种子。

④ 采集种子后的管理：一旦采集到果实，应尽快挑选种子。如果种子的表面粘有果肉，就应该清洗干净果肉；如果担心种子可能会受到病虫害，必须将种子浸水 1-2 日或者用杀虫剂进行消毒（disinfection）。

不喜好干燥的阔叶树类种子在储藏时，必须将种子放入塑料袋内，防止种子的过度干燥。

【3】种子的储藏：部分种子可以在常温条件下用箱子进行储藏；但大部分种子更需要低温储藏或者低温湿层储藏。

① 湿层储藏(moist stratification)：木箱内铺好木屑、地衣等，再将种子均匀地铺开；按上述方式交替铺设几层后，将木箱填埋在排水条件良好的耕地一角。

以颗粒微小的种子为例，则在沙层上面铺上棉布，再将种子均匀地铺在棉布上；然后，在种子的上面再铺上一层棉布和细沙；按照这种储藏方法，便于取出种子。

主要树种的种子处理一览表

树种名称	采种时机（月）	果肉	发芽时机（月）	用土	常绿落叶	阴树阳树	种子的粗制	储藏	促进发芽	参考
海松	10	无	3～4	沙质壤土	常绿	阳	清除种子的飞翼	低温储藏在常温条件下可储藏2年	晒阳光 播种1-2日前浸水处理	喜好光线
松树	10	无	4～5	沙质壤土	常绿	阳				
五针松	10	无	3～次年3	沙质壤土	常绿	阳				
鱼鳞云杉	10	无	3	沙质壤土	常绿	阴	浸水后清除种子的飞翼		低温处理1个月间 5℃	避免过湿
铁杉	10	无	4	沙质壤土	常绿	阴	风选	低温储藏		冬季储藏在干燥的地方
扁柏	10	无	4	沙质壤土	常绿	阴	用肥皂水选别			有利于腐蚀性土壤
杜松	10	有	4	沙质壤土	常绿	阳	清除果肉	低温储藏	低温处理 土中填埋	抗干燥
杉树	10	有	4	壤土	常绿	阳	干燥、风选 浸水选别		低温处理1个月间 5℃	适合湿润的环境
朱木	9～10	有	次年4 后年4	沙质壤土	常绿	阴	清除果肉	低温湿层	土中填埋 种皮破伤	
榉树	10～11	无	4 次年4	壤土	落叶	阳	种子喜阴干燥	土中填埋 低温湿层 2个月	低温处理3-4日水浸后，15日7℃	适合水分多的环境
榔榆	10～11	无	4 次年4	壤土	落叶	中性	掉落前采集	低温湿层 2个月	阳光照射	耐湿
鹅耳枥	10	无	3 次年3	壤土	落叶	阳	风选、水选			不喜好干燥
桑树	9～10	无	3 次年3	壤土	落叶	阳				
红枫树	10	无	4 次年4	壤土	落叶	中性	清除翼部	低温湿层，土中填埋干燥后，发芽率低下		
紫花槭	10	无	3 次年3	壤土	落叶	中性				
石榴	9～10	有	4	壤土	落叶	阳	清除果肉	低温储藏		湿润会导致苗木枯死

Conservation and Management 养护与管理

主要树种的种子处理一览表（续）

树种名称	采种时机（月）	果肉	发芽时机（月）	用土	常绿落叶	阴树阳树	种子的粗制	储藏	促进发芽	参考
樱花	6	有	3 次年3	壤土	落叶	阳				夏季、高温、干燥时不发芽
映山红	10	无	3	地衣	常绿	阳	裂开前采种		播种在地衣上	喜好酸性
牛皮杜鹃	10	无	3	地衣	常绿	阴	裂开前采种			
白木莲	9~10	有	4	壤土	落叶	阳	清除果肉	低温湿层 2个月	土中填埋	直到发芽，保持水分
木莲	9~10	有	4	壤土	落叶	中性				
山楂	9~10	有	次年4 后年4	壤土	落叶	阳				
栗树	10	有	3	壤土	落叶	阳	杀虫、保温保存	低温湿层	低温处理 土中填埋	喜好酸性土壤
枹栎	10	有	4	壤土	落叶	阳				落地后立即发芽
桑树	6~7	有	4	壤土	落叶	中性	清除果肉	低温储藏		喜好肥沃的土壤
落霜红	10	有	3	壤土	落叶	中性	清除果肉	低温湿层储藏，2个月		
南蛇藤	10	有	4	壤土	落叶	阳	清除果肉	低温湿层储藏，1个月	土中填埋	
梨树	10	有	次年3	壤土	落叶	阳	清除果肉	低温湿层储藏，1个月		肥沃的土壤
蔷薇	10	有	4	壤土	落叶	阳	清除果肉	低温湿层储藏，3个月	土中填埋（高温发芽）	
合欢花	10	无	4 次年4	壤土	落叶	阳	杀虫	常温储藏	土中填埋	干燥环境
水蜡树	10~11	有	4 次年4	壤土	落叶	阳	清除蜡质	土中填埋	破坏破伤	阳地、排水
贴梗海棠	9~10	有	3	壤土	落叶	阳	清除果肉	低温湿层储藏，1个月		
百日红	11	无	4	壤土	落叶	阳	裂开前采集	低温储藏		阳地、湿气
垂丝卫矛	10	有	3 次年4	壤土	落叶	阴	清除果肉	低温湿层，2个月		
多花紫藤	10	无	4	壤土	落叶	中性		干燥、低温	土中填埋	潮湿的肥沃土壤
栀子花	11	有	4	壤土	常绿	阴	清除果皮	低温	遮光（在阴凉处发芽）	
木瓜树	10~11	有	4	壤土	落叶	中性	清除果肉	低温		
红紫檀	10	有	4	壤土	半常绿	阳	清除果肉	低温	阳光	
圆赤水青冈	10	无	3	壤土	落叶	阴	杀虫	低温湿层，2个月5℃	土中填埋	肥沃土壤
野茉莉	10	无	4 次年4	壤土	落叶	阳	落地后采集洗涤	低温湿层，2个月5℃	土中填埋	
小叶石楠	10~11	有	3 次年4	壤土	落叶	阳	清除果肉 杀虫	低温湿层，2个月		
山茶花	9~10	无	4	壤土	常绿	中性	杀虫	低温湿层储藏	土中填埋	

中国罗汉
研究示范

把享有罗汉松皇后美誉的"贵妃"罗汉松接穗嫁接到其他快速生长的罗汉松砧[木]，长速度比原生树还快几倍，亲和力强，两年后便能造型上盆观赏，这种盆景[快速]成型的技术革命是谁完成的？是在哪里完成的？

松生产基地在 In Beihai 北海

2009年
全国十大苗圃之一

广西银阳园艺有限公司——中国盆景艺术家协会授牌的国内罗汉松产业的领跑者和龙头企业

紫砂古盆铭器鉴赏
Red Porcelain Ancient Pot Appreciation

文：申洪良 Author：Shen Hongliang

清顺治紫泥耳环上下带线鬼面足腰圆盆 长 31.3cm 宽 26cm 高 25cm 申洪良藏品
The Qing Junji Dynasty Purple-clay with Two Rings and Ghost Face Round-mouth Pot. Length: 31.3cm, Width: 26cm, Hight: 25cm. Collector: Shen Hongliang

清顺治紫泥耳环上下带线鬼面足腰圆盆

盆的正面刻有诗句："幽径草深车马少，名园花好管弦多"，落款为顺治戊戌岁造，为清顺治十五年（1658年）制作，至今已有三百五十余年。

此盆是目前已知在紫砂盆上有具体纪年号最早的盆，也是活动耳环最早出现在盆器的作品。复底有三个金钱孔，大小如笔杆洞，上下带线内凹，底部还有一条凸线，鬼面足，造型是清初文人士爱好古青铜器的复古思想的体现。泥料、器型、做工、成型方式有明代的遗风，但比明代作品有进步。造型大气，气度超凡脱俗，制作干净利落，有很好的装饰效果。

明亡后，很多明朝的旧臣和文人不愿在清朝为官，或隐居，或出家，或游山玩水。此盆诗句上看出盆主人过着少人往来的隐居生活，意境幽静，玩弄花草，欣赏古乐，远离尘世，不问政治。

CHINA SCHOLAR'S ROCKS
赏石中国

本年度本栏目协办人：李正银，魏积泉

"彩霞满天" 三江红彩玉 长60cm 高50cm 厚32cm 李正银藏品
"Clouds sky". Sanjiang Red Colorful Jude. Length:60cm, Height:50cm, Thick:32cm. Collector: Li Zhengyin

"金蟾" 大化采玉石 长62cm 高48cm 厚26cm 李正银藏品
"The golden Toad". Macrofossil. Length:62cm, Height:48cm, Thick:26cm.
Collector: Li Zhengyin

China Scholar's Rocks 赏石中国

"瑶台"九龙壁 长29cm 高31cm 厚17cm 魏积泉藏品

"Place of residence of the Chinese gods". Nine Dragon Jude. Length:29cm, Height:31cm, Thick:17cm. Collector:Wei Jiquan

晚明的精致文化

朝庭的腐败和仕途的闭塞使士子不复他想，王阳明的心学和"知行合一"直指人心，使士人更加关注生活的情趣和生命的体认。与此同时，江浙一带的城市商业经济空前发达，文化也极度成熟。社会的世俗化使文人与能工巧匠结合，共同创造了晚明的精致文化。

格心成物、推演至理，构成晚明最精彩的景象。晚明生活的日渐精致和器物的趋于小巧，使各项艺术空前繁荣，大师巨匠层出不穷。文彭的印石，开一代印论之先河；供春的紫砂壶，被誉为陶壶鼻祖，大彬壶也成为旷世奇珍；子冈玉技艺空前绝后；朱松邻三代人的竹雕镂刻精妙；黄成的漆雕功力超凡，并有《髹饰录》传世；景泰的珐琅彩冠绝古今；永乐、宣德的青花瓷，嘉靖、万历

赏石文化的渊流传承与内涵（连载六）

On the History, Heritage and Connotation of Scholar's Rocks (Serial VI)

明代的赏石文（1368～1644）

公元1368年，朱元璋北伐军攻占大都（北京），建都应天府（南京）。1421年，朱棣迁都顺天府（北京），南京为陪都，明朝共276年。

晚明的政治黑暗和文人士大夫思想的个性解放，与魏晋南北朝时期颇有契合之处。晚明正德、嘉靖、隆兴、万历、泰昌、天启等多位皇帝"罢朝"、消极怠工、荒淫无度，是中国历史上非常奇特的现象。

的五彩瓷，都达到炉火纯青的境界；明式家具几成中国家具艺术的代名词。

明·张岱在《陶庵梦忆》中说："以竹与漆与铜与窑名家起家，而其人与缙绅列坐抗礼焉。"晚明能工巧匠的地位，可以与豪门富绅平起平坐。明·沈德符《万历野获编》说："玩好之物，以古为贵，惟本朝则不然，永乐之剔红，宣德之铜，成化之窑，其价与古敌。"明代精致小巧的器物，身价能够与前朝的古董相抗衡。

明代精致的园林与赏石

明代精致小巧的理念，深刻地影响到造园选石与文房赏石，成为士人赏石的精典传承。

明代的江南园林，变得更加小巧而不失内倾的志趣和写意的境界，追求"壶中天地"、"芥子纳须弥"式的园林空间美。明末清初《闲情偶记》作者李渔的"芥子园"也取此意。晚明文震亨《长物志·水石》中："一峰则太华千寻，一勺则江湖万里。"是以小见大的意境。晚明祁彪家的"寓山园"中，有"袖海"、"瓶隐"两处景点，便有袖里乾坤、瓶中天地之意趣。计成《园冶·掇山》中说："多方胜景，咫尺山林，……深意画图，余情丘壑。"亦为如是。

（一）小中见大的园林与赏石

晚明扬州有望族郑氏兄弟的四座园林，被誉为江南名园之四。其中诗画士大夫郑元勋的"影园"，就是以小见大的典范。郑元勋在《园冶》一书的题词中说影园："仅广十笏，经无否（计成）略为区画，别具灵幽。""影园"占地区区只有五亩左右，却极具野趣。郑氏在《影园自记》中说："媚幽阁三面临水，一面石壁，壁上植剔牙松。壁下为石洞，洞引池水入，畦畦有声。洞边皆大石，石

明代 英石 藏于紫禁城

明代 纹理石 藏于紫禁城

明代 笋石 藏于紫禁城

明代 珊瑚石 藏于紫禁城

隙俱五色梅,绕阁三面至水而止。一石孤立水中,梅亦就之。"赏石与幽雅小园谐就致趣,所谓"略成小筑,足征大观"是也。

(二)米万钟的园林与赏石

米万钟(1570~1628)字友石,又字仲诏,自号石隐庵居士。米万钟为米芾后裔,一生好石,尤擅书画,晚明时与董其昌有"南董北米"之称。于敏中《日下旧闻考》说:"淀水滥觞一勺,明时米仲诏浚之,筑为勺园。"米万钟在北京清华园东侧建"勺园",取"海淀一勺"之意,自然以水取胜。明王思任《米仲诏勺园》诗:"勺园一勺五湖波,湿尽山云滴露多。"米万钟曾绘《勺园修禊图》长卷,尽展园中美景。《日下旧闻考》记:"勺园径曰风烟里。入径乱石磊砢,高柳荫之。……下桥为屏墙,墙上石曰雀浜。……逾梁而北为勺海堂,堂前怪石蹲焉。"园中赏石亦为奇景,《帝京景物略》称勺园中"乱石数垛",现今颐和园中蕴含"峰虚五老"之意的五方太湖石,就是勺园的遗石。米万钟建"勺园"应在万历晚年。米氏在京城尚有"湛园"、"漫园"两处园林,但都不及"勺园"名满京城,文人多聚于此赋诗撰文,一时皆有称颂。

米万钟于万历二十三年(1595)考中进士,次年任六合知县。米万钟对五彩缤纷的雨花石叹为奇观,于是悬高价索取精妙。当地百姓投其所好争相献石,一时间多有奇石汇于米氏之手。米万钟收藏的雨花石贮满大小各种容器。常于"衙斋孤赏,自品题,终日不倦。"其中绝佳奇石有"庐山瀑布"、"藻荇纵横"、"万斛珠玑"、"三山半落青天外"、"门对寒流雪满山"等美名。并请吴文仲画作《灵岩石图》,胥子勉写序成文《灵山石子图说》米万钟对雨花石鉴赏与宣传,贡献良多。

米万钟官场数十年,看尽晚明政治黑暗,处世超脱,有"大隐隐于朝"的泰然。米万钟爱石,有"石痴"之称。他一生走过许多地方,向以收藏精致小巧奇石著称。现存故宫博物院明代画家蓝英《拳石折技花卉》题"丁酉花朝画得米家藏石并写意折枝计二十页。"由此可知,这众多数寸小石,皆为米万钟珍藏。明代闽人陈衎《米氏奇石记》说:"米氏万钟,心清欲澹,独嗜奇石成癖。宦游四方,袍袖所积,唯石而已。其最奇者有五,因条而记之。"陈氏文中所记五枚奇石:两枚高四寸许、一枚高八寸许、两枚大如拳,皆精巧小石也。

(三)文彭与印石

文彭(1498~1573)字寿承,号三桥,两京国子监博士,人称文国博,明四家之一文徵明长子。幼承家学,诗、文、书、画均有建树,尤精篆刻,开一代印论之先河。

玺印向为执信之物,其艺术滥觞于先秦,兴盛于两汉,衰微于唐宋,而颠峰于明清。明吴名世《翰苑印林·序》说:"石宜青田,质泽理疏,能以书法行乎其间,不受饰,不碍力,令人忘刀而见笔者,石之从志也,所以可贵也。故文寿臣以书名家,创法用石,实为宗匠。"古来制印,多用金属、玉石等材料,硬度较高,或铸或琢,素以匠人操作,少有文人亲为。青田石硬度只有摩氏1.5°,文彭以此石为材,运用双钩刀法,奏刀有声,如笔意游走,实为开山宗师。文彭也是边款艺术的缔造者,除了印文,他在印章的其它五面,以他深厚的书法功底和文化学养,师法汉印,锐意进取,篆刻出诗词美文、警句短语、史事掌故等,使印章成为完美的艺术品。

明代周应愿在《印说》中写道:"文也、诗也、书也,与印一也。"这种"印与文诗书画一体说",将印提升到最高的审美境界。文彭正是这种艺术的集大成者。晚明周亮工《印人传》说:"但论印一道,自国博开之,后人奉为金科玉律,云礽遍天下,余亦知无容赞一词。"

明代 锁云 米万钟藏品

文彭是我国文人印艺术的开山鼻祖。

（四）文房清玩与精致赏石

晚明文房清玩达到鼎盛，形制更加追求古朴典雅。晚明屠隆所著《考槃馀事》记载有四十五种古人常用的文房用品。晚明文震亨在《长物志》中列出四十九项精致的文房用具。精巧的奇石自然是案头不可或缺的清玩。《长物志》中说："石小者可置几案间，色如漆、声如玉者最佳，横石以蜡地而峰峦峭拔者为上。"因几案陈设需要精小平稳，明代底平横列的赏石和拳石更多的出现，体量越趋小巧。晚明张应文《清秘藏》记载：灵璧石"余向蓄一枚，大仅拳许，……乃米颠故物。复一枚长有三寸二分，高三寸六分，……为一好事客易去，令人念之耿耿。"晚明高濂《燕闲清赏笺》说："书室中香几，……用以阁蒲石或单玩美石，或置三二寸高，天生秀巧山石小盆，以供清玩，甚快心目。"晚明时候，精致赏石在文房中已占有重要地位。

明代赏石著作的重要地位。

明代精致文化的繁荣发展，促进了园林、文房、赏石精致理念的普遍认知。这种认知，又促使文人著书立说，创造了更加精深的典籍，成为精致文化的传承宝库。

（一）计成的《园冶》与赏石

晚明计成（1582～1642）字无否，苏州人。计成游历山川胜景，又是山水绘画高手，因造园技艺超群而闻名遐迩。他曾为郑元勋造"影园"、为吴又予建"吴园"、为汪士衡筑"吴园"，都是技艺精湛、以小见大的典范。

计成《园冶·掇山》中说："岩、峦、洞、穴之莫穷，涧、壑、坡、矶之俨是。信疑无别境，举头自有深情。蹊径盘且长，峰峦秀而古。多方景胜，咫尺山林。"奇石在造园中是不可替代的景观，创造出以小见大的自然胜景。《掇山》对造园的景观石有很深的见解。释"峰"为："峰石一块者，相形何状，造合峰纹石，令匠凿笋眼座，理宜上大下小，立之可观。"释"峦"说："峦，山头高峻也，不可齐，亦不可笔架式，或高或低，随至乱掇，不排比为好。"释"岩"说："如理悬岩，起脚宜小，渐理渐大，及高，使其后坚能悬。"计成释石之说，即是造园之谈，又是鉴石之道。

计成的《园冶》是世界上最早的园林专著，对我国乃至世界造园艺术都产生了重大影响，至今仍被奉为造园学中最精典的教科书。

（二）文震亨的《长物志》与赏石

晚明文震亨（1585～1645）字启美，苏州人，文彭之后。所著《长物志》，是晚明士大夫生活的百科全书，其中论及案头奇石，尤有深意。

《长物志·水石》卷说："石令人古，水令人远，园林水石最不可无。要须回环峭拔，安置得宜。一峰则太华千寻，一勺则江湖万里。"前句言石令人返璞之思，水引人做清隐之想。后句示于细微处览山水大观，意境深洞，成玩家圭臬。《水石·品石》卷又说：石"小者可置几案间，色如漆、声如玉者最佳。横石以蜡地而峰峦峭拔者为上。"此处品石，体量、形、质、色兼备，体现出晚明对赏石要求的完备。

《长物志》是文房的精典、赏石的精致、生活的精细，是晚明士子的百科全书。雅趣深至，广播于四海内外。

（三）《徐霞客游记》与赏石

徐霞客（1587～1641）名弘祖，霞客是友人为他取的号，江苏江阴人。《徐霞客游记》是一部弘大的著作。徐霞客走遍中国名山大川，历尽千难万险，直至生命的最后一刻。后人根据他的日记，整理成《徐霞客游记》。

徐霞客于崇祯三年（1630）八月，自福建华封绝顶而下，考察九龙江北溪，留有闽游日记（后）："余计不得前，乃即从涧水中，攀石践流，逐抵溪石上。

其石大如百间房，侧立溪南，溪北复有崩崖壅水。水即南避巨石，北激崩块，冲捣莫容，跌隙而下，下即升降悬绝，倒涌逆卷，崖为倾，舟安得通也？"现在的华安、取华封（丰）、安溪两字头为名。北溪落差极大，水流湍急，古来自华封绝顶至新圩古渡，舟楫不行，只能徒步攀缘。霞客当年考察北溪的这段奇险之地，现在已经辟为九龙璧天然"玉雕走廊"观赏石公园。徐霞客两赴北溪考查，应当是九龙璧最早的发现者。

乡。据友人阵函辉《徐霞客墓志铭》记载：霞客回到家乡江阴后卧病在床"不能肃客，惟置怪石于榻前，摩挲相对，不问家事。"翌年正月病逝。

徐霞客历经30多年，足迹遍及明代两京十三布政司。《徐霞客游记》凡69万多言，是中国地理考查的百科全书。清初学者奚又溥在序言中说："其笔意似子厚（柳宗元），其叙事类龙门（司马迁），……固应与子长之《史记》并垂不朽。"古来绝域者，徐霞客是也。

朋友何士抑送给林有麟雨花石若干枚，林氏将其置于"青莲舫"中，反复品赏把玩，还逐一绘画图形、品铭题咏，附在《素园石谱》之末，以"青莲绮石"名之。

《素园石谱》全书分为四卷，共收录奇石102种类，249幅绘图。景观石为最大类别，其中又有山峦石、峰石、段台石、河塘石、遮雨石等形态。另外还有人物、动物、植物等各种形态的奇石。化石、文房石、以图见长的画面石等也收录在谱，可谓洋洋大观。

《素园石谱》收录六朝、唐、宋、元、明以来赏石资料和图谱，记载了赏石产地、采石、造形、题铭以及文人吟咏诗词、玩石心境等，充分反映我国赏石文化的传承，是我国赏石史上最重要的巨著。

晚明赏石底座的精致与完美

明代是中国传统文化的鼎盛时期，各类艺术渐臻完备，明式家具几成中国经典家具艺术的代名词。赏石底座也随势而上，得到充分发展。明代赏石底座专属性已经成熟，底座有圆形、方形、矩形、梯形、随形、树桩形、须弥座等门类的诸多形状。圭脚主要有垛形和卷云形两种。明代大多短小形底座无纹饰，但有优美的曲线。随形并有唇口咬合的底座，成为明式赏石底座的主流。这些在明代林有麟《素园石谱》中所描绘的赏石图谱中，可以得到印证。明代制作家具和底座的高手，集中在经济发达的苏州、扬州、南通、松江一带，通称苏派。苏派用料讲究，作工精细，风格素洁文雅、圆润流畅，至今技艺传承不衰。

【连载六，未完待续】

明代 湖石 藏于紫禁城

明代 英石 藏于紫禁城

徐霞客在考路上，搜集了各种光怪陆离的石头。据《徐霞客游记》记载，崇祯十二年（1639）三月，霞客在云南大理以百钱购得大理石一小方。同年五月，在云南得翠生石（翡翠）两块，制做成两方印池、一只杯子。同年七月初六，考察云南玛瑙山，见到玛瑙上品，宕中水养玛瑙，晶莹坚致。七月初九，于水帘洞中得三尺长中空钟乳石一枝，又得实心钟乳石两枝。以上搜集的怪石都集中保存在玛瑙山，"俟余还取之"。

崇祯十三年（1640）正月，云南丽江木增太守派出一支人马，抬着双足俱废的霞客，连同他的书籍、手稿、怪石、古木等物品，历时半年，万里迢迢送回故

（四）林有麟的《素园石谱》

林有麟（1578～1647），字仁甫，号衷斋，松江府华亭人。林景旸子，以父荫入仕，累官至龙安知府。画工山水，爱好奇石。中年撰写《素园石谱》，以所居"素园"而得名。

林有麟是奇石收藏家，他在《素园石谱自序》中说："而家有先人'敞庐'、'玄池'石二拳，在逸堂左个。"林有麟祖上就喜爱奇石，除以上两石，尚有"玉恩堂研山"传至林有麟手中。林氏还藏有"青莲舫研山"其大小只有掌握，却沟壑峰峦孔洞俱全。林有麟在素园建有"玄池馆"专供藏石，将江南三吴各种地貌的奇石都搜集到，置于馆中，时常赏玩。

论赏石文化的比较优势

文：雷敬敷　Author: Lei Jingfu

On the Comparative Advantage of Scholar's Rocks

"白衣高士" 高 15cm 长 15cm 厚 5cm

Scholar's Rocks Forum 赏石中国——赏石论坛

"碧玉红" 高16cm 长22cm 厚11.5cm

一、赏石文化的内涵

按照《辞海》(1979年版)的定义,文化是"人类社会历史实践过程中所创造的物质财富和精神财富的总和"。文化的载体是物质创造,文化的内核是精神追求。狭义的文化主要指精神财富方面。

从文化的运行模式看,文化可以区分文化事业与文化产业。文化事业以政府管理的服务性或政府或民间主导的非盈利公益性为特征;而文化产业以企业为主导,通过向消费者提供文化产品和服务而获得经济效益的市场化运行为特征。

赏石文化是以观赏石为物质载体所表现的物质文化和精神文化的总和。赏石文化同样可以区分为公益性的文化事业和经营性的文化产业。观赏石文化产业包括以观赏石资源开发与保护,配座与配件的制作,书籍报刊音像制品的出品等为内容的观赏石文化产品制造营销业,和以赏析、鉴定、策划、广告、设计、会展等为内容的观赏石文化创意服务业。

二、赏石文化的比较优势

赏石文化作为我国传统文化的组成部分,被打上了中国传统文化的印记。诸如"天人合一"、"阴阳平衡"的世界观,"恪守诚信"、"和而不同"的伦理观,在事业发展中"天行健,君子以自强不息"的自立奋发精神,解决问题时"无过无不及"的中庸思想等,在赏石文化中都有对应。除了传统的中国文化的共性之外,当代中国赏石文化也凝聚了自身的鲜明特色,构成了自身的比较优势。概略而言,有以下五个大的方面。

1. 源远流长,历久弥新

赏石文化有证可考的萌芽期可上溯至新石器时代。南京鼓楼冈北阴阳营的考古发掘中出土了距今5800年的76粒未经加工的自然砾石。南京博物馆的考察报告上说"质地多为玉髓……不乏色彩斑斓、花纹绚丽者,显示当时人们有意识采集而来,其用途可供玩赏。"

中国赏石文化萌发于史前,发端于春秋,盛行于唐宋,繁荣于明清,而发展创新于当代。

历史上的文化形态,有多少在历史的长河中湮灭了,有多少衰微了,有多少成了仅存的历史活化石而被人为保护,而作为文化形态之一的赏石文化却随着如日月经天、江河行地的中国传统文化主流,几千年来绵延至今。特别是改革开放的三十年来,更是生机勃然地取得了跨越式的发展。历久弥新的赏石文化重新焕发出强劲的生命活力。

2. 海纳百川,和谐包容

很少有其他文化形态能有赏石文化这样大的包容性。就赏石文化的主体奇石爱好者而言,从下里巴人到文人雅士,从石农、石工到石商藏家,从庶民百姓到官员学者,几乎涵盖了当今社会各阶层的人士。在石展中,普通石农、石工与富商大贾评石论石,难分伯仲;在论坛上,初入门者与资深藏家悟石论道,各有千秋。赏石文化的包容性使当代的爱石者已由过去的精英人士拓展为精英与大众相结合的态势。

就赏石文化的物质载体观赏石而言,传统的四大名石风韵依然,而新增的遍及全国山体、河流以至大漠深处的新锐石种更让人目不暇接。其种类之多,远非《云林石谱》《素园石谱》当日之语了。更何况,由于吸纳了海外的赏石文化,过去国人涉足不多的矿物晶体,生物化石也渐成新宠。从趋向看,观赏石资源的全球配置已显端倪。每一位爱石者都能够选择到自己心仪的石种,唯美是取,唯爱是收。

观赏石文化海纳百川的包容性,构建了人与自然和谐、人与人和谐、人自身和谐的精神家园。几乎任何一个心智健

"大风歌" 高14.5cm 长11cm 厚5cm

的塑像或平面的图像的全面知觉，再到寄情于石、情景合一的意境阶段，一步步渐入佳境。这种审美体验可以说是赏石文化所独有的。

观赏石赏析中的审美创造，表现在精神层面上的命题赋文摄影书法绘画，表现在物质层面上的配座、配件、组合、陈设，每个赏析者和爱好者都可以参与其中。观赏石赏析的审美创造使艺术回归到人人可为的状态，而这正是后现代社会艺术发展的趋向之一。

4. 综合之美，无与伦比

赏石文化是审美文化，观赏石的美是一种综合之美。观赏石既不同于原生态的自然风貌那种单一的自然美，也不同于人工制造的艺术品那种单一的艺术美，观赏石的美融自然美、艺术美、科学美于一体，是一种无与伦比的美。

自然美是观赏石本质的美，"清水出芙蓉，天然去雕饰"。人们对观赏石自然美的钟爱，源于作为自然之子的人类依恋自然之母的情节。艺术美是人赋予观赏石的创造之美，是赏析者对天造奇石赋以的妙意、给予的生命。科学美是人类探索求真的本性在赏石审美中的体现，它是一种闪耀着科学之光的理性之美。

笔者曾有一个比喻，如果观赏石是一片树叶的话，那树叶的一面是自然美，另一面是艺术美，树叶的柄是它的科学美。观赏石的这种综合之美，是它较一般的自然物、一般的艺术品更有魅力的原因。

5. 赏析增值，独具一格

赏石文化以满足广大爱好者日益增长的审美需求为目的。观赏石的消费是对其物质属性和精神属性的一种收藏。由于观赏石的自然珍稀性和积淀人文价值的功能，因而具有增值潜力，所以对观赏石的收藏还具有储蓄与投资的性质。

全的人都易于而且乐于受到赏石文化的浸润与熏陶。

3. 精神物质、共济相融

任何文化形态就其本质而言，都是人的价值观念在社会实践中的对象化的过程与结果。所以，任何文化形态都包括外在的文化产品的创新和内在心智德性的塑造，也就是有物质和精神这两个层面。

赏石文化在物质和精神的结合上有它自身的特色，那就是精神与物质在多元感知、渐进赏析和审美创造中所彰显出的共济相融。

观赏石自然天成，对于造型石与图纹石而言，具象者极少，多为意象或抽象。不同的赏析者由于生活经历、审美情趣、认识水平不同，对观赏石常各有偏爱，对同一枚观赏石的感悟也常常因人而异。各取所需、各有所悟构成了观赏石特有的多元感知的魅力。

对观赏石的赏析有一个由表及里、由浅至深的渐次递进的过程，由对形、质、色、纹个别属性的感觉，到对立体

"╳龟" 高 12cm 长 16cm 厚 9cm

观赏石作为一种收藏性商品，不但在采集、经营的流通中增值，在配座、组合、陈设环境营造的物质投入中增值，也在命题、赋文、展评等赏析的精神投入中增值，这是一般收藏品难以具有的。

观赏石在赏析中增值的特性，促进了赏石文化在观念形态和精神层面上的繁荣发展。人们已经认识到，观赏石是物质基础，但在人与石的关系中，人却是起主导作用的，如果不注入人的思想与情感，石头就是石头，而不会是人们所追求的人文化的石头——雅石。

三、发挥赏石文化的比较优势

怎样才能发挥赏石文化的比较优势呢？我们可以从打造赏石文化品牌形象，作好赏石文化的普及与提高，将赏石文化向圈外推广发展这三个方面着手。

1. 打造赏石文化品牌形象

从品牌形象上看，其基本要求在于体现出有别于其他文化形态的独特性，以上列举的赏石文化的五大比较优势，不论是在精神与物质的共济相融、无与伦比的综合之美、海纳百川的和谐包容，还是别具一格的赏析增值上，赏石文化都具有非我莫属的鲜明个性。

从品牌内涵上看，其本质特征是一种价值取向和情感归属。赏石文化的比较优势中，尤其是源远流长又历久弥新的生命活力，海纳百川和谐包容的精神家园，各取所需各有所悟的人文魅力等，无不体现了当今社会传承创新、自强不息的价值取向，和以人为本、以和为贵的情感归属。

从品牌的构成上看，赏石文化品牌由社团组织品牌、资源品牌、市场品牌、传媒品牌、区域文化品牌和个人文化品牌复合而成，它们互相影响而成为一个品牌系统。我们今天在这里济济一堂，既是社团组织品牌的体现，市场价值品牌的体现，更是赏石文化品牌的体现。

2. 作好赏石文化的普及与提高

普及与提高是一种相互依存的辩证的关系，我们要在普及的基础上提高，在提高的指导下普及。这里面最重要的是要树立实践第一的观念。普及也好，提高也好，都要以广大石友的审美实践为出发点和归宿。

再者，要处理好大众文化与精英文化的关系，大众文化是以大众传播媒介传播，按市场规律运作的日常文化形态，而精英文化是由少数文化人创造，蕴含其个性化趣味的审美文化，它的基本特征是理性沉思，其价值取向是超越"小我"，走向"大我"。从目前来看，赏石文化在大众的普及广度和流行性方面的拓展，在精英的理论深度和多元化方面的拓展，依然还有很大的空间。

3. 将赏石文化向圈外推广发展

赏石文化要有大的发展，除了做好圈内的工作，更要做好向圈外的推广，这里也有两个层面，一是普及的层面，让更多的人在日常生活中感受到赏石文化的魅力。如四川泸州女子赏石协会将赏石文化普及到学校，就是一种从娃娃抓起的长远考虑。赏石文化进学校、进军营、进社区，大有可为。

二是提高的层面，让更多的文化人参与到赏石文化中来，将文学、绘画、书法、摄影、装饰、环艺、建筑、园林等文艺门类与赏石文化联姻，既充分发挥赏石文化博大精深、兼收包容的自身特色，又促进了赏石文化在融会贯通中的多元化发展。

中国盆景の未来と希望である。

広東省盆景協会の鄧孔佳は既に私に、彼の視点に立って中国展示の最大残念を言い、即ち‥毎回多量の人力・物資を導入して展示するが、その後、一つの専門的な学術討論を行って毎回展示の結果を充分に検討する方はいない、毎回展示は終わると全く完了され、非常に惜しかった。そのため、私たちは今回、中国盆景芸術家協会（CPAA）の自ら組織された展示において、メディアにより試みて上記問題を解決する。

本期特集の主役は今回展示会及び活動の多量な写真であり、その後、「論壇中国」などのコラムにより今回展示会について多く評論する。審査委員からの得点を公開することは、私たちが芸術に関する最終評価及び本回展示会の会員らに任せると示す。なるほど、これは同協会の伝えたい改革中の一つの重要な情報である。中国盆景の進路において困難及び障害を避けられないが、いかなる問題を一つずつ解決しなければいけない、特に現実と理想との問題を越えることである。私は、中国盆景の春がぜひ来ると思っている。

本期特集出版の前、はじめてであるが、私は空港でバゲージタグ託送を処理する際、受託担当者に流暢に話す力もない。2010年の協会改選から現在まで、生活のリズムは速くてあまり毎日停まったことがない、生活において、毎日の人生は飛行機、旅館、会話、聞き取り、撮影、文章創作、メール送信、及びインターネットの通じるところを探して利用してファイルをダウンロードし、ファイルを送信し、下手で書かなければいけない英文手紙を書き、中国語で電話をかけ、英語で電話に出て、毎日の睡眠時間が6時間を超えない、時々分からず資料を見る時に寝たことがあり……空港で風邪を引いて絶えずに咳をし、登録カウンターで流暢に話せなくなった。その際、私は、出張することに、引き続き一ヶ月間あまり北京における実家に帰ったことがないと思い出した。綺麗な登録者が私をとても可愛そうに見ることを発見してから、きっぱりチケットを返して帰ると決めた。

ューターの電気を切り、一切の外界との連絡を消し、平日の喧しい生活から離れていた。私の生活に頭に余白感覚がかなり乏しいだといきなり発見した。

余白は栄養剤であり、水のように、特別な物質を有しないが、なくてはならない、逆に、静かな生活は分からず私の一年間に生命中の最も美しい体験となった。

実に、余白も皆の生命に詩意の一つであり、静かな皆の生命に毎日暫く頭を静かにすることが必要だと思う。盆景の発源することは、余白が正式的に分析されてから創られた新しい芸術種類でしょう。

このころ、全てのドアと窓を閉め、一人の四歳のアメリカ女の子の泣いたオバマとロムニーの選挙結果についてのグローバルインターネット上の評論を見ない、一切の国内外の政治と社会に関する評論又は様々な流言蜚語を聞かない、生活を暫く止めさせることがとても楽だと思う。

遅いリズムの生活も盆景の核心哲学の一つでしょう。どうしても、皆は、生命の本質が何かと覚えるべきである。

先月、ミラノの「Crespi カップ」盆景展示会において、イタリアの世界著名な盆景大家 Massimo Bandera は丁寧にユーロ紙幣及び一通の英文会員申請書を私に渡す時、彼の多くの学生が「中国盆景賞石」が大好きで私たちの協会に加入したいと言った。そのうえ、欧州に大人気「Crespi カップ」盆景展示会も私たちと、中国・イタリア盆景マン間の盆景会員クラブの多国籍プラットフォームについて、検討している。中国台湾の華風展において、元アジア太平洋盆景大会主席陳倉興は、身に連れて 2000 ドルを全く私の手に渡すうえ、私に同お金で CPAA への少しの敬意と賛助であると言い、誠に大声でお偉いる全ての国内外貴賓に、「中国盆景芸術家協会の『中国盆景賞石』は世界盆景業界の華人の誇ることです」と言った。

実の通り、中国盆景芸術家協会（CPAA）は、過去25 年かかり、新しい崛起を迎えている。今回中山古鎮鎮の大型活動に影響され、多くの国内外の観衆はCPAA のブランドの力を見た。そのうえ、10 月に中国風景園林協会盆景賞石分会に主催された安康第 8回全国盆景展の規模は今まで最も大きい、益々盛んに行われるので、観衆たちは見聞を広めた。また、中国台湾の「華風展」において、10 月の展示（同報道は次次に掲載される）は再び注目されていた。私は、次の 20 年、「世界盆景」に最も盛んに発展される新役割が中国盆景マンほかないと信じている。中国盆景マン全般がこの日を待っている、と私は思う。

それと同時に、世界に益々多くの国家級展示会は意識的に、『中国盆景賞石』が報道とインタビューするように招いています。そのうち、最も習得した国内外の貴賓は、今回中山古鎮鎮の展示を見学した国内外の貴賓たち、彼らの評論は本期に掲載され、読者はゆっくり味わいましょう。

ここで、私は、うち協会及び編集部に残業中の非常に若い専業同僚ら（三人）に感謝の意を言いたいと思い、彼らは勤務プロセスを手順良く決まった段取りに従って引き続き速く進めている。当該数千人会員のいる全国的協会、毎月一期の 128 頁の出版される国際一流水準のある大手雑誌、私を加えて纏めて四人の専業勤務者となり、私たちの効率は実に既に世界同僚たちに注目されている。もちろん、私たちのやったことはまだ良くない、相変わらず改善中にあり、私たちのチームも構築中にある。但し、久しくない将来、うちの協会は、世界に最も優れる国家級盆景協会の行列に入り、かつ 5 年内に世界に最も美しい世界級盆景メディアになると信じている。これはうちの承諾であり、自信でもある。CPAA の将来のエリートグレードのチームに加入したい国内外盆景マンを通じ、CPAA の明るい将来を予測できる。うちはこの明るい将来を予測できる。

氷山裏面の世界

中山古鎮鎮の展示会により、世界盆景業界に中国盆景の新役割について説明する

和力を備える立体感及び歴史跳躍伝承のライン白描技法によるものであり、奥行きもあるし平面もあり、且つ常に結構上の意外な描きを現す。美学により見れば、今回の展示会は疑問なく前に無い「中国風」の盆景大会である。

微型盆景がはじめて主要役割の一つとして、特に一つの静かで百盆以上のある専門展示区を設ける。寸法の自由な幅数十メートルのある超大型盆景がはじめて盆景展示会開幕式の舞台の上に現れた。また、500盆以上の伝統的な中国嶺南派技法とエレメントある盆景にて、初回いちいち目を通すことができなくなった。成熟して改善されることは必要となるが、今回のは規模及び視覚効果にてびっくりさせた展示会だった。

中国嶺南派盆景の創意エレメントは盆景世界に独立的美学思考と歴史縁のある盆景エレメントである。自由な激情、制限のない夢想、低調な詩意、限りのない創意という美術結構を絶えず生きて変わる木に全く統一させる。大転回・高強度制作後瞬間美術結構を永遠に定める日本の松柏系盆景と比べ、中国嶺南の雑木系盆景の創意目標はまるで永遠に終わらない、永遠にその連続発展を見えられ、全ての線の発展それぞれは観衆に一つの生命成長の物語を教えられ、古い清清しい、安定、軽い、具象に抽象はあり、哲学及び詩意にかなり長く続き、全ての木はそれぞれ観衆に、中国人の「天人合一」という哲学コンセプトを教える。

これは別の東方人の美学システムであり、日本盆景

と全く異なっている。

私が言いたいことについて、世界の視点により見れば、中国嶺南派の技術エレメントは、「神枝エレメントタイプが現れてから将来世界盆景によく発展されるもう一つのエレメントである。中国は盆景の発源国であるから。嶺南派の当該自由で立体制限ないエレメント感覚は、同役割感を優しくて客観的に説明している。

景協会成立25周年会員盆景精品展は、中国盆景芸術家協会第五回理事会2010年改選後、開催された最高品質技術含有量のある大型展示活動である。数日の間、万人以上の観衆は次々と来て、盆景を観賞しながら静かに盆景の素晴らしい世界を体験していた。700盆以上の作品にて、多くの展示場にいる年寄盆景マンたちは感動してびっくりした。嶺南派のこととは大部分となり、中国北方の多くの松柏系名作は今回現れない、現場に一部の作品は成熟しない、展示の前、修飾、盆の組合せ、棚及び結構に厳しい問題のある盆景はあり、但し、今回の展示会が全く中国1949年建国以降素晴らしい嶺南派盆景の盛大展示会であると感じことはできる。

もちろん、本期と来期『中国盆景寿石』の主役は2012中国盆景精品展（中山古鎮）・広東省盆景協会成立25周年会員盆景精品展における作品であり、私たちは初めて40枚の全版大寸法写真、展示中のほとんど全ての金銀賞作品及び一枚の盆景表紙を掲載し、その他の展示品は次に掲載される予定である。

多くの方の批判する展示中の審議を優れて客観的に現すために、私たちは初めて全ての審査委員により盆景への得点記録を記録し、良いかどうかは構わない、歴史にして記録し、最も真実かつ客観的に記録した。読者は、得点記録を参考し、順利は、この圧力が非常に大きい、自分より出した点数にて作品を間違えって評判すると心配することを言った。但し、多くの方はこの件について討論するため、私たちは初回で今回の審議に良いかどうかは構わない。歴史にして記録し、最も真実かつ客観的に記録した。読者は、得点記録を参考し、本期に掲載された盆景について得点を出し、及びご認知が審査委員たちとどこに異なるかと判断できる。また、作品へのご評価を私たちに郵便してほしい。専門的なスタントポイントレベルを備え及び深刻かつ確実な見解について、人身を攻撃しない、作品への評価を私たちに郵便してほしい。人身を攻撃しない、専門的なスタントポイントレベルを備え及び深刻かつ確実な見解について、はぜひ掲載する。

中国は崛起しているが、中国盆景は相変わらず若い、世界に向いて進むことにおいて、一回のルネサンスのような芸術運動と相応しい時間は必要となる。今回の展示に多くの若者の作品は出展され、これは

2012中国盆景精品展（中山古鎮）・広東省盆

源国中国、欧州のイタリア、スペイン、又はアジアの韓国、マレーシアの盆景も同事実を避けられない。

最近の最新ニュースは英国『ガーディアン』による11月9日の報道であり、即ち：世界経済協力と発展機関の予測によると、中国は次の四年にアメリカを超えて世界最大の経済体となる。そのうえ、同機関の予測により、今年の末に至り、中国経済の規模はユーロ圏を超える。アメリカの『U.S News & World Report』は11月9日に同データについて述べるときに、アメリカが世界第一経済大国という地位を失う予測を聞くとアメリカ人がかなり悩むが、世界末日ではないことを意味し、これに対して、世界舞台における中国経済の比例が確かにより多くなっている、と言った。オーストラリアの『The Sydney Morning Herald』によると、アメリカの激しく競争する大統領総選挙は恐らく世界を変えない、但し、「中国共産党第18回全国代表大会」後の中国が世界を変える可能性はかなり大きい。確かに、世界は目をこすって待っている。現在、中国は崛起中にあり、これは恐らく、世界が直面している本世紀の最大変化である。

これと同時に、中国盆景の復興することは、世界に注目されている中国経済体規模の成長をきっかけにして、こっそりと自分の新役割を追求し、将来、世界盆景業界において自分の新役割を探している。今回、中国広東中山古鎮鎮の展示会に、このような「中国の音」は現れた。

中国の嶺南派盆景は、世界盆景の中に自分の歴史伝統を有するうえ、人間と自然との（調和的で対抗しない）関係を表すことに最も工夫し、これは、のんびりして親

氷山裏面の世界

中山古鎮鎮の展示会により、世界盆景業界に中国盆景の新役割について説明する

文：蘇放

「氷山の一角」という詞はよく言われ、ある物事が全体のあるところに位置すると意味する。世界盆景を一つの巨大な氷山にすれば、中国盆景がどこにあるのか？

「2012 中国盆景精品展（中山古鎮）・広東省盆景協会成立 25 周年会員盆景精品展」の翌日、私は、ヒマラヤ山脈の山頂及びふもとにおける全く異なる風景を見てから、頭にテーマ「氷山裏面の世界」はいきなり現れた。

実には、中国から出られば、近く 30 年に世界盆景の発展がほとんど日本盆景のグローバリゼーションの歴史であるとはっきり感じるようになる。このように盆景美学システムがびっくりさせてグローバリゼーションとなる問合せと集中程度について、これらの国に着かなければ、全然感じることができない。

欧州、アメリカ、アジアなど、中国以外のほとんど全てのところにおいて、日本盆景がどこにもあると感じることができる。世界盆景の中に、あまり全ての「盆景高地」は日本風盆景に覆われているが、中国は例外となっている。

中国の以外、ほとんど全ての世界盆景の美学評価価値チェーンにトップとなる「システム問合せ者」又は「組織の脳」に、日本盆景に良く影響されたことがある。当該カスケード効果（Cascade Effect）は世界盆景の発展及び美学定位に深くて遠く影響を及ぼしている。従って、発展中の後継者はリートしている「システム問合せ者」を追いかけるほうに、音が弱い、且つ、世界盆景結構に所謂「氷山中に見えられる部分」を創ることにおいて、もとから基礎が良くない、「氷山」裏面の美学価値チェーンに世界から見えられない一角となり、盆景発

如何得到《中国盆景赏石》？
如何成为我们的一员？

中国盆景艺术家协会第五届理事会个人会员会费标准

一、个人会员会费标准

本会全国各地会员（2011年办理第五届会员证变更登记的注册会员优先）将享受协会的如下服务：

1. 会员会费：每人每年260元。第五届协会会员会籍有效期为2011年1月1日至2015年12月31日。

协会自收到会费起将为每名会员提供下列服务：每名会员都将通过《中国盆景赏石》通知受邀参加本会第五届理事会的全国会员大会及"中国盆景大展"等全国性盆景展览或学术交流活动；今后每月将得到一本协会免费赠送的《中国盆景赏石》，全年共12本，但需支付邮局规定的挂号费（全年76元）。

2. 一次性交清4年（一届）会费者，会费为1040元，并免费于2011～2015年中被《中国盆景赏石》刊登上1次"2011中国盆景人群像"特别专栏（每人占刊登面积小于标准的1寸照片）。同时该会员姓名会刊登于"本期中国盆景艺术家协会会员名录"专栏1次。请一次性交清4年会费者同时寄上1寸头像彩照3张。

二、往届会员交纳会费办法同新会员

多年未交会费自动退会的老会员可从第五届开始交纳会费、向秘书处上报审核会员证信息、确认符合加入第五届协会会员的相关条件后可直接办理变更、更换为第五届会员证或理事证。

如何成为中国盆景艺术家协会第五届理事会理事？

一、基本条件：

1. 是本协会的会员，承认协会章程，认可并符合第五届理事会的理事的加入条件和标准。

2. 积极参与协会活动，大力发展协会会员并有显著工作成效。

二、理事会费标准：中国盆景艺术家协会第五届理事会理事的会费为每人每年400元。每届2000元需一次性交清。以上会费多缴将被计入对协会的赞助。

三、理事受益权：除将受邀参加全国理事大会和协会一切展览活动之外，每月将得到协会免费赠送的《中国盆景赏石》一本，连续免费赠送4年共48本，但需支付邮局规定的挂号费（全年76元）。

本届4年任期内将登上一次《中国盆景赏石》"中国盆景艺术家协会本期部分理事名单"专栏（请交了理事会费者同时寄上1寸护照头像照片3张）。

【已赞助第五届理事会会费超过10000元者免交第五届理事费】

四、往届理事继任第五届理事的办法同上：多年未交理事会费自动退出理事会的往届理事可从第五届开始交纳理事会费，向秘书处上报审核理事证信息、经秘书处重新审核及办理其他相关手续后确认符合加入第五届理事会的相关条件后可直接办理变更、更换为第五届理事证。

如何成为中国盆景艺术家协会第五届理事会协会会员单位？

一、基本条件：

1. 承认协会章程，认可并符合第五届理事会的协会会员单位的加入条件和标准。

2. 积极参与协会活动，大力发展协会会员。

3. 提供当地民政部门批准注册登记的社会团体法人证书复印件。

二、协会会员单位会费标准（年）每年获赠《中国盆景赏石》一套【12本】。

会费缴纳标准如下：

1. 省级协会：每年5000元。

2. 地市级协会：每年3000元。

3. 县市级及以下协会：每年1000元。

会员单位受益权：除将受邀参加全国常务理事大会和协会一切展览活动之外，每月将得到协会免费赠送的《中国盆景赏石》1本，连续免费赠送4年共48本，但需支付邮局规定的挂号费。

本届4年任期内将登上一次《中国盆景赏石》"盆景中国"人群像至少一次。

加入手续：向秘书处上报申请报告，经协会审核符合会员单位相关条件并交纳会员单位会费后由协会秘书处办理相关证书。